Wilhelm Dege

Das Ruhrgebiet

Mit 77 Abbildungen

Springer Fachmedien Wiesbaden GmbH

Erweiterte und revidierte Ausgabe des dänischen Werkes
Dege/Weitze: Ruhrdistriktet

Verlagsredaktion: *Albrecht A. Weis*

ISBN 978-3-528-08322-9 ISBN 978-3-322-84288-6 (eBook)
DOI 10.1007/978-3-322-84288-6

1. Nachdruck 1973

Ursprünglich erschienen bei der deutschen Ausgabe by Friedr. Vieweg + Sohn, GmbH, Verlag, Braunschweig 1972
Softcover reprint of the hardcover 1st edition 1972

Satz: Friedr. Vieweg + Sohn, Braunschweig

Umschlaggestaltung: Peter Morys, Wolfenbüttel

Vorwort

Das Ruhrgebiet als einer der imponierendsten und geballtesten Wirtschaftsräume der Erde entwickelte sich in Jahrhunderten aus sehr bescheidenen Anfängen. Die offen zutage tretenden Kohlenflöze an der unteren und mittleren Ruhr und in den Tälern und auf den Höhen beiderseits dieses Flusses gaben vom ausgehenden Mittelalter ab den einen Anstoß, die Eisengewinnung auf der Grundlage verschiedenartiger heimischer Erze und die Eisenverarbeitung gaben vom 18. Jahrhundert ab den anderen Anstoß. Beide Zweige der wirtschaftlichen Tätigkeit schufen zunächst weder das Bild noch die Struktur eines Industrieraumes aus heutiger Sicht. Damals prägte die handwerkliche Eisenverarbeitung in den Tälern des südlich angrenzenden Berglandes, im Bergischen Land und im märkischen Sauerland die Wirtschaft.

Die rapide Entwicklung erfolgte von den vierziger Jahren des 19. Jahrhunderts ab im Rahmen der großen „industriellen Revolution". Mit der abbautechnischen Bewältigung des nördlich der Ruhr immer mächtiger werdenden, stark wasserführenden kreidezeitlichen Deckgebirges mit Hilfe der Dampfmaschine, was beträchtliche Kapitaleinsätze erforderte, wurden nicht nur weitere Kohlenlager entdeckt und erschlossen, sondern auch Kohlenarten mit besonderen Eigenschaften, wie die Fettkohle als Grundlage für Hüttenkoks. Dieser Ruhrkoks hatte über Jahrzehnte hinweg einen hervorragenden Ruf als besonders hochwertiger Hochofenkoks. Er wurde weltweit exportiert, bildete gleichzeitig aber auch die Grundlage für die Entstehung und Entwicklung einer „auf der Kohle" arbeitenden eisenschaffenden und eisenverarbeitenden Industrie. Die Verhüttung mußte sich zu Beginn dieser Entwicklung bei der mangelnden Verkehrsentwicklung und unzureichenden Verkehrserschließung auf heimische Kohleneisenstein-Vorkommen stützen. Mit der zügigen Entwicklung des Eisenbahnnetzes erst folgte der Einsatz siegerländer und lothringischer Erze und sehr viel später dann von überseeischen Erzsorten.

Im Verlaufe von nur 60 Jahren war der Raum zwischen Ruhr und Lippe bergbaulich erschlossen. Wachstumsspitzen griffen über die Lippe und über den Niederrhein hinaus. Millionen von Zuwanderern, zunächst aus den preußischen West- und Ostprovinzen, später aus Polen, der Donau-Monarchie, aus Italien und den Niederlanden mußten die Zahl der Arbeitskräfte ergänzen, die der so plötzlich zum Industriegebiet gewordene ehemalige kleingewerblich und agrar genutzte Raum des neuen „Reviers" zu stellen vermochte. Es hat Jahrzehnte der Assimilation gedauert, bis sich dieses Gemisch von Stämmen und Völkern zu einer Einheit formte, dem „Ruhrvolk". Einer starken Mobilität der Anfangsjahrzehnte steht nunmehr eine bemerkenswerte „Reviertreue" gegenüber.

Die Entwicklung des Reviers erfolgte in mancher Hinsicht hektisch und war stets überschattet von wirtschaftlichen und sozialen Krisen. Eine solch lange Epoche wirtschaftlicher und sozialer Ruhe wie seit etwa 1950 hat das sich räumlich zum „niederrheinisch-westfälischen Industriegebiet" ausgewachsene „Ruhrgebiet" in seiner Entwicklungszeit noch nicht gekannt. Das „Revier" entstand in einer Zeit weitgehend liberaler Wirtschaftsgesinnung mit dem Streben nach einem Höchstmaß an wirtschaftlicher Effektivität. Diese Gesinnung nahm weder auf den Menschen noch auf die Landschaft Rücksicht. So kam es nicht nur zu stellenweise menschenunwürdigen Verzahnungen von Wohnquartieren mit

Industrie- und Verkehrsanlagen, sondern auch zu außerordentlich weitgehenden Eingriffen in die Landschaftsökologie und zu einer starken Umgestaltung der Naturlandschaft. Das betrifft vor allem den Norden der großen Hellweg-Städte und die Städte-Reihe südlich der Emscher. Diese Mißstände der Anfangsjahre führten von den achtziger Jahren des 19. Jahrhunderts ab zu der Forderung der Arbeiter und zu einer zunehmenden Einsicht von Unternehmern und Staat nach einer Besserung der sozialen Verhältnisse und der physischen Umwelt. Besonders zu erwähnen sind alle Maßnahmen im Zusammenhang mit dem Werkswohnungs- und dem Eigenheimbau. Nach dem 1. Weltkrieg erkannte man mehr und mehr die Notwendigkeit einer vernünftigen Schonung der Naturreserven (Raum, Wasser, Luft usw.) und einer regionalen Raumordnung und Raumplanung. Hier hat der 1920 gegründete „Siedlungsverband für den Ruhrkohlenbezirk" (SVR) Pionierarbeit geleistet, die besonders in den letzten Jahren in seinen Forschungen und Plänen ihren Niederschlag fand. Die Landesregierung und die Kommunen bemühen sich energisch um deren Verwirklichung. Hierzu gehören auch weiträumige Stadtsanierungen und die Schaffung vielseitiger und ausgedehnter Erholungsmöglichkeiten und Erholungsgebiete im Revier und in Reviernähe.

Wie das Industriegebiet naturräumlich eine Mehrzahl unterschiedlich ausgestatteter Kleinlandschaften aufweist, so ist es auch wirtschaftsstrukturell nicht einheitlich. Es ist keinesfalls eine in sich geschlossene Siedlung; es ist ein polyzentraler Raum mit dem Schwerpunkt auf der Städtereihe am Hellweg. Sein Wirtschafts- und Siedlungswachstum ging nicht von einem, sondern von zahlreichen Kernen aus, gesteuert durch einen auf breiter W-O-Front erfolgenden Kohlenabbau nach N zu. Darum gibt es auch heute noch von S nach N verlaufende agrar, forstlich oder gärtnerisch genutzte Grünzonen, die das Skelett des regionalen Grünflächensystems darstellen. Überall im Revier, von den Ruhrhöhen bis über die Lippe hinaus, ist die Entwicklung dieses Raumes an seiner kulturlandschaftlichen Schichtung zu erkennen.

Der Kohlenbergbau war der Träger dieser Entwicklung. Mit der Eisen- und Stahlgewinnung und -verarbeitung bildete er fast monopolartig ihr Fundament über viele Jahrzehnte hinweg. Mit dem Bedeutungsschwund der Kohle ist dieses Fundament für einen Ballungsraum von 5,6 Million Menschen nicht mehr tragfähig genug. So zeigt die „Kohlenkrise" die Strukturschwäche des Reviers mit besonderer Deutlichkeit. Strukturverbesserung bedeutet hier nicht nur eine Vermehrung der tragenden Industriezweige, sondern auch ihrer Wachstumsfähigkeit. Sie bedeutet weiterhin eine Verbesserung der Infrastruktur, wozu auch die physische und soziale Umwelt des arbeitenden Menschen gehört.

Das niederrheinisch-westfälische Industriegebiet ist ein sehr komplizierter und differenzierter Wirtschafts- und Sozialraum. Der Verfasser verlebte seine Kinderjahre im Altrevier an der Ruhr, seine Jugendjahre in Bochum und seine späten Mannesjahre als Hochschullehrer in Dortmund. So hatte er Gelegenheit zu vielerlei Einblicken, die gedanklich vertieft wurden in Vorlesungen und Seminaren. Dankbar erinnert er sich der Anregungen, die von der großen Zahl derjenigen seiner Schüler ausgingen, die als ehemalige Grubensteiger, Ingenieure und Industriekaufleute viele Jahre lang im Arbeitsleben des Ruhrgebiets gestanden hatten.

Inhaltsverzeichnis

Quellennachweis

Aral AG, Bochum
Fig. 49, 52

Berichte zum 2. Kongreß der Internationalen Gesellschaft für Felsmechanik, Beograd 1970
Fig. 5

Bochumer Geographische Arbeiten, 2, 1967
Fig. 65

Dege, Wilfried
Fig. 7, 19, 20, 23; Zeichenvorlage für Fig. 8, 15, 18, 21, 22, 25

Emschergenossenschaft, Essen
Fig. 56, 57, 60, 61

Der Förderturm, 12, 1966
Fig. 66

Geographische Rundschau, 5, 1965
Fig. 4, 14

Gesamtverband des deutschen Steinkohlenbergbaus, Essen
Fig. 32, 33, 34 (Freigeg. Reg. Präs. Dsdf. Nr. 05/416); 35 (Photo M. Frank); 36, 39 (Photos Wolff + Tritschler); 37 (Photo Perchermeier); 38 (Photo E. Heibutzki); 46, 62 (Photo Essener Steinkohle). Tabellen 6, 7, 8

Handbuch der naturräumlichen Gliederung Deutschlands, 6. Lfg., S. 801
Tabelle 1

Hoesch AG, Dortmund
Fig. 41

Hülspress, Chemische Werke Hüls AG
Fig. 47 (Freigeg. Reg. Präs. Dsdf. Nr. 19/A 704), 48

Industrie- und Handelskammern des Ruhrgebiets
Tabellen 11, 16

Informations- und Presseamt der Stadt Dortmund
Fig. 3, 24 (Freigeg. Reg. Präs. Dsdf. Nr. 19/42/3982); 26 (Freigeg. Reg. Präs. Dsdf. Nr. 19/76/8183); 27 (Freigeg. Reg. Präs. Dsdf. Nr. 19/51/4960); 40, 43 (Freigeg. Reg. Präs. Dsdf. Nr. 19/39/3554); 71, 72

P. Kukuk und C. Hahne
Tabellen 2, 3

Landesvermessungsamt NRW
Fig. 17 (mit Genehmigung vom 25.1.1972, Kontrollnummer 4153)

Landschaftsverband Rheinland
Fig. 30

Lippeverband, Essen
Fig. 58, 59

Opel-Foto, Adam Opel AG, Rüsselsheim
Fig. 74, 75

Presseamt der Stadt Bochum
Fig. 70

Presseamt der Stadt Duisburg
Fig. 64

Ruhrgas AG, Essen
Fig. 51

Ruhrtalsperrenverein, Essen
Fig. 53, 54, 55

Schaper, Dortmund-Derne
Fig. 2

Siedlungsverband Ruhrkohlenbezirk
Fig. 28, 29, 31, 50, 73, 76, 77. Tabelle 5

Stadtplanungsamt Recklinghausen
Fig. 68 (Photo Wudtke); 69 (Photo B. Steinbeck)

Stahlfibel
Fig. 42

Statistisches Jahrbuch der Bundesrepublik Deutschland 1970, S. 310
Tabelle 13

Unternehmensverband Ruhrbergbau
Fig. 10, 11, 12

Vermessungs- und Katasteramt Dortmund
Fig. 13, 16

Wirtschaftsvereinigung der Eisen- und Stahlindustrie, Essen
Fig. 44, 45

1. Begriff, Grenzen, Größe

Der Name für diesen bedeutenden europäischen Wirtschaftsraum ist nicht einheitlich. Man spricht von Ruhrgebiet, Ruhrkohlenrevier, Ruhrkohlenbezirk, aber auch vom Rheinisch-Westfälischen Industriegebiet, weil es der wirtschaftliche Kernraum der (bis 1945) preußischen Provinzen Rheinland und Westfalen war und des heutigen Bundeslandes Nordrhein-Westfalen ist. Der Volksmund sagt kurz „Revier“ oder auch „Kohlenpott“ und bringt damit zum Ausdruck, daß die Kohle die wichtigste tragende Grundlage dieser großen wirtschaftlichen und bevölkerungsmäßigen Agglomeration ist. Das trifft heute nicht mehr in dem alten Ausmaß zu, weil die Eisen- und Stahlgewinnung und -verarbeitung, dazu andere Industriezweige an Bedeutung gewonnen haben.

Das Ruhrgebiet ist nicht identisch mit dem Einzugsbereich (4445 km²) des Flusses Ruhr, der am Ruhrkopf (664 m ü.M.) im niederschlagsreichen Sauerland entspringt und nach 235 km bei Duisburg-Ruhrort in den Rhein mündet. Vor 150 Jahren verstand man unter „Ruhrgebiet“ nur das Land an der mittleren und unteren Ruhr. Heute jedoch rechnet man ferner dazu den gesamten Einzugsbereich der bei Dortmund entspringenden Emscher (98 km bzw. 784 km²) und das Land beiderseits der mittleren und unteren Lippe (237 km bzw. 4890 km²), die am Eggegebirge entspringt. Auch diese beiden Flüsse münden in den Rhein: die Emscher durch einen künstlichen Unterlauf bei Walsum, die Lippe bei Wesel.

Diese Expansion des Ruhrgebietes ist eine Folge des immer weiter ausgreifenden Kohlebergbaus. In der Ost-West-Erstreckung reicht es von den Städten Unna und Hamm bis zu den Ebenen links des Niederrheins Fig. 1.

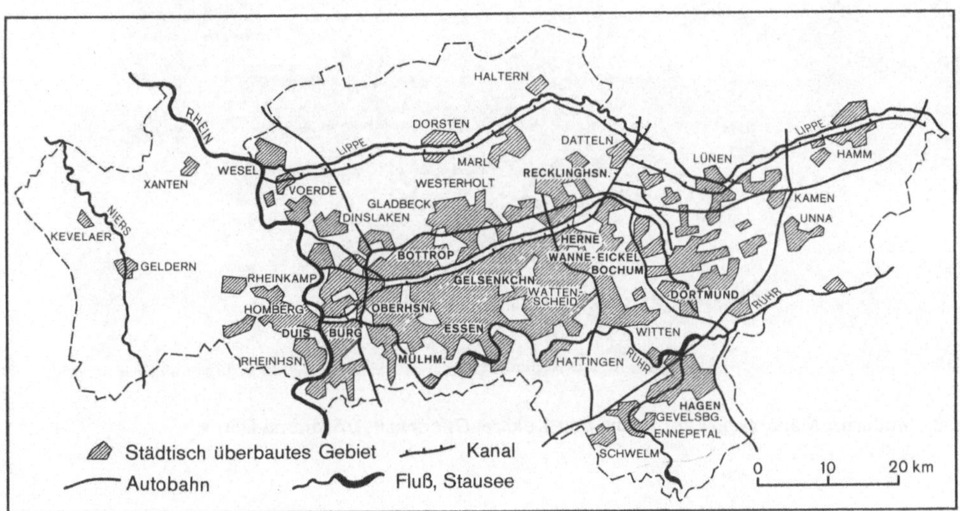

Fig. 1. Übersichtskarte des Ruhrgebiets

Im Jahre 1920 wurde als übergeordnete Planungsbehörde der „Siedlungsverband Ruhrkohlenbezirk“ (SVR) mit dem Sitz in Essen gegründet. Er ging bewußt über das engere Steinkohlen-Abbaugebiet hinaus und umfaßte von vornherein auch die Randlandschaften, die von der Ruhrindustrie noch nicht erreicht worden waren, mit deren industrieller Erschließung aber zu rechnen war. Dieses sogenannte „Verbandsgebiet“ wird heute zumeist als räumliche und statistische Grundlage des Industrieraumes um Ruhr, Emscher, Lippe und Niederrhein benutzt und soll auch diesem Buche in den meisten Fällen zugrundegelegt werden. Es umfaßt 18 kreisfreie Städte, sechs Landkreise und Teile von drei weiteren Landkreisen mit einer Fläche von 4593 km^2 und rd. 5,6 Mio Einwohnern (30.6.1971). Die Einwohnerdichte pro Quadratkilometer beträgt damit 1225, erreicht aber im Kernraum 2744 E/km^2. Elf der 18 Städte haben mehr als 100000 Einwohner.

Während in der Kernzone dieses Gebietes Fördertürme und Halden, Hochöfen, Gasometer, chemische Werke, Raffinierien und viele Hektar große Werkhallen sowie regellos dazwischen gestreute Wohnsiedlungen in enger Verbindung mit einem dichten Netz von Autostraßen, Wasserwegen, Eisenbahnlinien das Gesicht der Landschaft bestimmen, findet man in den Randgebieten noch weite Wälder und ausgedehnte landwirtschaftliche Flächen. Diese Wälder und Felder greifen sogar tief in die industrielle Kernzone hinein und lockern sie auf. Selbst von einer so bedeutenden Industriestadt wie Dortmund sind noch 40 % der Grundfläche landwirtschaftlich genutzt Fig. 2.

Fig. 2. Moderner Mähdrescher vor Zeche und Kokerei Gneisenau, Dortmund-Derne

2. Der Naturraum

Das Ruhrgebiet hat Anteil an mehreren großen Naturlandschaften: im Süden am Rheinischen Schiefergebirge, im Norden an der Westfälischen Tieflandsbucht, im Westen am Niederrheinischen Tiefland (Fig. 3).

Fig. 3. Aussicht über das Ruhrtal mit dem Hengsteysee von der Hohensyburg aus. Die Hohensyburg gehört noch zum Stadtgebiet von Dortmund

Das Ruhrtal gehört noch ganz zum *Rheinischen Schiefergebirge.* Es hat sich über 100 m tief in dessen Nordrand eingesägt. Steile, felsige Prallhänge, flache, z.T. lößbedeckte Gleithänge, Reste von Terrassen, die in den Eiszeiten entstanden, beckenartige Erweiterungen, wie bei Schwerte, und eine breite, schottergefüllte Sohle sind Kennzeichen des Ruhrtales. Viele Teile der Randhöhen, wie z.B. das südlich von Dortmund am Nordufer des Flusses gelegene Ardey-Gebirge (274 m), sind noch bewaldet oder erst nach 1945 Ansatzpunkt für eine dichtere Besiedlung geworden. So erstreckt sich beiderseits der mittleren und unteren Ruhr noch auf weite Strecken ein bewaldetes, von Siedlungen und Industrieanlagen nur geringfügig durchbrochenes Hügelland. Die charakteristischen Waldbäume sind Rotbuche, Eiche und Hainbuche; in der Strauchschicht herrscht der Ilex *(Ilex aquifolium)* vor, der hier ein typischer Vertreter des atlantischen Florenbereiches ist. Die Ruhr hat mit ihrem windungsreichen Taleinschnitt die anstehenden Gesteinsschichten des Rheinischen Schiefergebirges, die hier überwiegend dem kohleführenden Karbon angehören, freigelegt und zahlreiche Kohlenflöze dem einfachen Abbau durch den Menschen zugänglich gemacht. Darum entstanden hier, beiderseits des Ruhrlaufes, die ersten offenen Gruben und Stollen (Fig. 4).

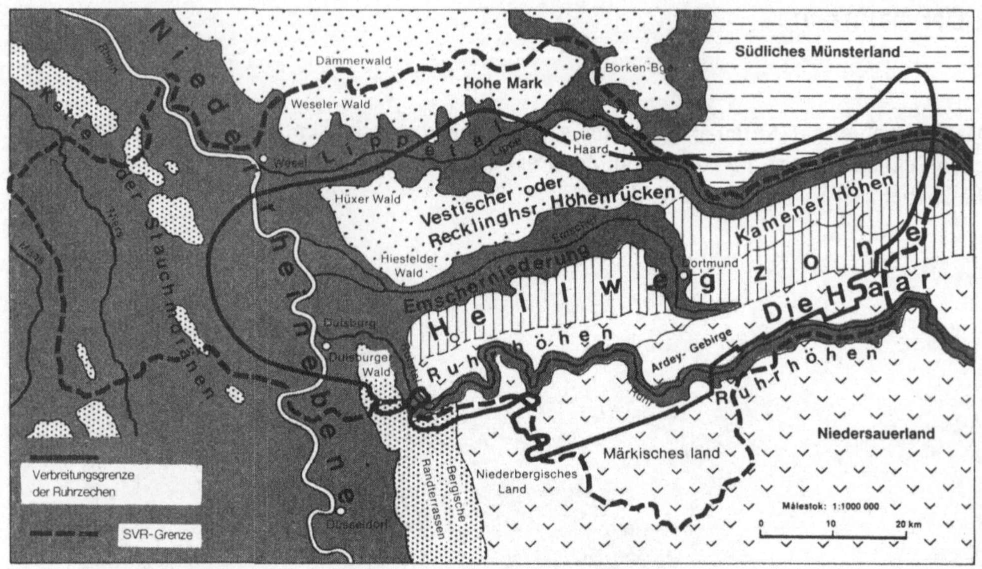

Fig. 4. Naturräumliche Gliederung des rheinisch-westfälischen Industriegebiets

Nördlich der Ruhrhöhen zieht ein alter Handelsweg entlang. Er trägt schon seit dem Mittelalter seinen Namen, *Hellweg,* nach einer bereits in der Bronzezeit (vor 3–4000 Jahren) benutzten Verbindung zwischen dem heutigen Belgien und Osteuropa. Nachfolger dieser wichtigen Straße am Südrand der *Westfälischen Tieflandsbucht* ist die bis Unna im Osten des Reviers als Autobahn ausgebaute Bundesstraße 1. Die Hellwg-Zone gehört bereits der Westfälischen Bucht an. Es ist eine weithin ebene, mit 3–5° nach Norden abfallende Fläche. Sie trägt Lößdecken bis zu 12 m Mächtigkeit. Der Löß ist eine Auswehung aus den Ablagerungen der Saale- und der Weichseleiszeit. Er hat besonders gute bodenphysikalische Eigenschaften, z.B. eine hohe Kapillarität, und besitzt landwirtschaftlich vorteilhafte Mineralien. Darum kam es in dieser Zone bereits am Ende der jüngeren Steinzeit zu bäuerlichen Siedlungen. Noch vor 130 Jahren, zu Beginn der Industrialisierung an der Ruhr, war der Hellweg eine fruchtbare Kornkammer, welche die Industrietäler des westlichen Sauerlandes (um Iserlohn und Hagen) und des Bergischen Landes (um Solingen, Wuppertal) mit Getreide versorgte. Unter dem Löß liegen Ablagerungen der Kreidezeit, namentlich die stark wasserführenden Stufen der Oberen Kreide (Cenoman und Turon), welche die ganze Westfälische Tieflandsbucht unterlagern. Erst als es von 1837 ab gelang, sie zu durchteufen und mit Hilfe der Dampfmaschine das Grundwasser zu heben, entstanden in der Hellwegzone Zechen. Mit ihnen wuchsen die Städte, wie Essen, Bochum und Dortmund.

Der Hellweglandschaft folgt nach Norden die *Emscherniederung* (Fig. 5). Sie ist, bis auf den Süden von Dortmund, gleichbedeutend mit dem Emschertal. Cenoman und Turon werden hier von dem weichen Emschermergel überlagert. In diesem Emschermergel haben die Schmelzwässer der Riß- oder Saaleeiszeit ein 3–5 km breites Tal ausgewaschen. Das

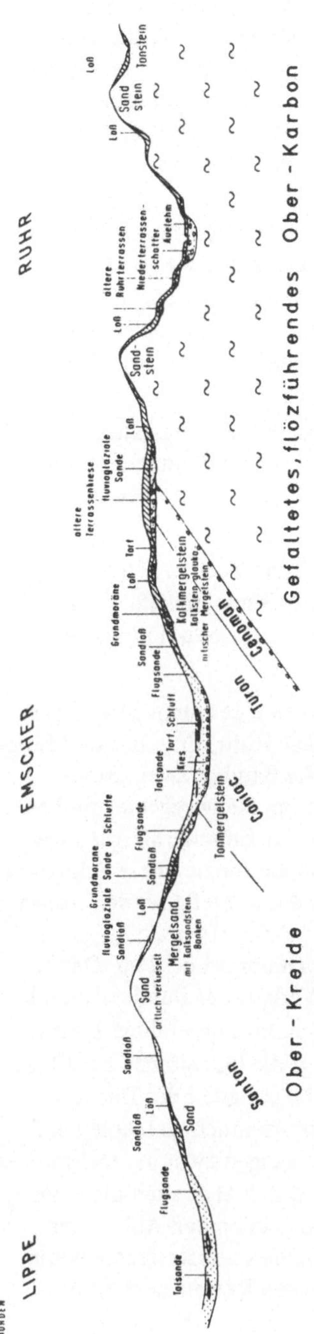

Fig. 5. Schematischer Schnitt durch die Quartärablagerungen im Niederrheinisch-Westfälischen Industriegebiet

Tal mit dem Fluß Emscher hat nur wenig Gefälle zum Rhein hin. Der Fluß mäanderte stark, außerdem staute der Emschermergel die Feuchtigkeit. Darum entstand hier eine breite Zone von feuchten Bruchwäldern mit Erlen- und Weidendickichten, in denen bis zu Beginn des 19. Jh. noch Wildpferde lebten. Erst mit dem Vorrücken des Bergbaus nach Norden hin, etwa ab 1850, entstanden hier größere Orte, wie Herne, Gelsenkirchen und Oberhausen. Aber noch viele Jahrzehnte, z. T. bis heute, blieben Teile der Emscherniederung die Grünlandgebiete für die an ihrem Süd- und Nordrand wohnenden Bauern.

Zwischen dem Emschertal und dem Lippetal erheben sich langgezogenen Höhenrücken, die ihre Entstehung festeren Kalkbänken des Emscher und des Senons verdanken. Die wichtigsten sind der *Recklinghäuser Höhenrücken* und die *Kamener Höhen.* Sie sind von eiszeitlichem Löß oder Sandlöß, z. T. auch von Grundmoränenfetzen überkleidet. Vor der Industrialisierung bildeten sie eine frühbesiedelte Ackerbauzone über der Feuchtregion der Emschertalung.

Die nördlichste Landschaft des Reviers ist der Raum beiderseits der *Lippe.* Die Lippe ist ein typischer Niederungsfluß mit zahlreichen Windungen und einer breiten, feuchten Talaue. Sie wird im Osten, besonders deutlich sichtbar zwischen den Städten Hamm und Lünen, von den Kamener Höhen südlich des Flusses und einer Schichtstufe im Senon nördlich des Flusses begleitet. Um die Stadt Haltern liegen drei Hügellandschaften: die Haard (156 m) im Süden, die Borkenberge (134 m) und Hohe Mark (145 m) im Norden des Flußtals. Ihre Wälder, ursprünglich vorwiegend aus Eichen, Buchen, Hainbuchen und Birken, wurden durch den Abtrieb vor allem der wertvollen Eichen zu Heiden degradiert. Die Eichen wurden im 16.–18. Jahrhundert über Lippe und Rhein nach Holland verflößt, das als ıächtig aufstrebende Seemacht einen ungeheuren Bedarf an Eichenholz zum Schiffbau nd für Fundamentpfähle in seinen Städten hatte. Erst um die Wende zum 20. Jh. wurden ie Heiden planmäßig mit Kiefern bepflanzt, die als Grubenholz im Ruhrgebiet benötigt ʼurden. Das Hügelland um Haltern ist seit Jahrzehnten eines der am meisten besuchten Naherholungsgebiete für die Bevölkerung des Ruhrgebietes. Ein besonderer Anziehungspunkt ist dabei der Halterner Stausee, eine der großen Wassergewinnungsanlagen für das Revier.

Die Halterner Talung und das Hügelland um Haltern gehören dem Südwestmünsterland an. Dem gehört auch ein Teil des unteren Lippetales um Marl-Hüls an, sowie der alte Lippeübergang bei Dorsten, wo schmale Terrassenleisten die Lippe säumen. Nördlich davon liegt die Lembecker Ebene mit einer Grundmoräne, die zum großen Teil von Flugsanden überdeckt ist. Südlich der Lippe um Marl-Hüls erstreckt sich die Drewer Sandebene mit ihren Dünenfeldern.

Den Übergang zum *Niederrheinischen Tiefland* bilden die „Niederrheinischen Sandplatten", ein 10–13 km breiter Teil der rechtsrheinischen Rhein-Hauptterrasse mit ausgedehnten Heideflächen, die aufgeforstet wurden und als Erholungsgebiet für die Städte des westlichen Ruhrreviers bis zum Rhein mehr und mehr an Bedeutung gewinnen.

Die Lippe ist keineswegs die Nordgrenze des Kohlenabbaus. Mehrere Zechen haben die „Lippegrenze" im Osten wie im Westen bereits überschritten. Der Binnenschiffahrt im Lippetal dient der Lippe-Seitenkanal mit seinen Teilstücken Hamm-Datteln und Datteln-Wesel. Er ist zugleich der westlichste Teil des Mittellandkanals.

Das rechtsrheinische *Ruhrgebiet* zeigt in seinem Naturraum also eine deutliche O-W-Orientierung, die in gleicher Weise durch die Laufrichtung seiner Flüsse Ruhr, Emscher und Lippe wie durch seinen geologischen Bau bedingt ist. Dieser geologische Bau hat zwei „Stockwerke". Das obere „Stockwerk" besteht aus der Oberen Kreide: im Hellweggebiet sind es lediglich Cenoman und Turon, in der Emschertalung ist darüber der Emschermergel abgelagert, und im Recklinghäuser Höhenrücken kommt noch das Senon hinzu. Diese Schichten zusammen bezeichnet der Bergmann als „Deckgebirge", weil es das kohleführende Karbon bedeckt. Das Karbon tritt noch an den Randhöhen nördlich der Ruhr offen zutage, dann sinkt es mit 2–3° Neigung nach Norden unter die Westfälische Tieflandsbucht ab. Das kreidezeitliche Deckgebirge hat z.B. im Süden Dortmunds, im Verlauf der Bundesstraße 1, eine Mächtigkeit von nur wenigen Metern, 12 km weiter nördlich, im Lippetal bei Lünen, aber bereits von rd. 400 m. In anderen Teilen des Lippetales liegt die Obergrenze der Flöze 600–800 m tief, bei Münster gar 1 400 m. Diese Zunahme der Mächtigkeit des Deckgebirges nach Norden ist im gesamten rechtsrheinischen Ruhrgebiet ziemlich gleichbleibend. Mit zunehmender Tiefe (der Bergmann sagt „Teufe") der Kohle steigen zwar die technischen Abbauschwierigkeiten und erhöhen sich die Unkosten, verändern sich aber auch die Kohlenarten und damit deren Verwendungsmöglichkeiten. Diese Gründe ließen den Abbau der Kohle in breiter Front von der Ruhr nach Norden fortschreiten. Sie unterstreichen damit die naturräumlich bedingte zonale Gliederung des rechtsrheinischen Reviers auch kulturlandschaftlich.

Das Kohlenrevier wird im Westen nicht durch den *Niederrhein* begrenzt, vielmehr schiebt sich eine Wachstumsspitze des Reviers über den Niederrhein hinweg und umfaßt das Gebiet der Städte Moers und Kamp-Lintfort. Das Deckgebirge der kohleführenden Schichten besteht jedoch hier aus tertiären Schichten und Ablagerungen des Buntsandsteins und Zechsteins. Beiderseits des Rheines mit seiner breiten alluvialen Talaue haben wir Terrassen. Am ausgedehntesten ist die Niederterrasse, die vor allem linksrheinisch durch zahlreiche diluviale Altwässer und alluviale Hochflutarme gegliedert wird, insgesamt aber den Charakter einer weiten, ebenen Niederung behalten hat. Pappelbestandene Wege und Wasserläufe und das Fehlen größerer Wälder sind ein Charakteristikum dieser Landschaft, in der eine intensiv betriebene Landwirtschaft mit hohem Anteil an Dauergrünland vorherrscht.

Klimatisch gehört das gesamte rheinisch-westfälische Industriegebiet dem atlantischen Einflußbereich an. Seine Hauptkennzeichen sind SW- bis NW-Winde, hohe Luftfeuchtigkeit, starke Bewölkung, ein relativ gemäßigter Sommer mit dem Niederschlagsmaximum im Juli-August, ein milder Winter mit nur wenigen Schnee- und Frosttagen sowie eine geringe Jahresamplitude im Temperaturgang. Natürlich kommt es im Kern des Ruhrgebietes im Bereich der großen Städte zu einem deutlich merkbaren *Stadtklima.* Es ist gekennzeichnet durch höhere Sommer- und mildere Wintertemperaturen und vor allem durch zeitweilig starke Lufttrübungen durch Dampf-, Rauch- und Ascheausstoß der Industriewerke, die bis zu einer solch lückenlosen Dunstglocke über den Städten führen können, daß man vom Flugzeug aus diese Städte nicht mehr sieht. Vor allem die starken Ascheausstöße bringen es mit sich, daß eine Schneedecke von nur wenigen Tagen Dauer schwarz wird und daß Feldgemüsebau im engeren Revier nicht betrieben werden kann. Die Klimadaten der Tabelle 1 mögen als Beispiel dienen:

Tabelle 1

Lage und Höhe	Lufttemperatur in °C					Zahl der Zage mit einem Temp-Mittel	Mittlerer Jahresniederschlag	Phänologische Daten		
	Mittelwerte			Absolutes				Lage	Mittlerer Apfelblüte	Beginn Winterroggenernte
m	Jahr	Jan	Jul	Min.	Max.	von >5 °C	mm			
Stadtkern 100	10,0	2,5	18	- 22	37	260	750 (b. Dortmund) 900 (südl. Essen)			
							meist 750 – 830	unter 160 m	27.4.– 5.5.	19.7.– 26.7.
Flachland 60	9,0	1,0	17	- 26	37	235				

3. Geologie

3.1. Das Steinkohlengebirge und das Deckgebirge

Im Erdaltertum (Paläozoikum), vor rd. 450 Mio Jahren, entstand zu Beginn der *Devonzeit*[1]) in Europa von Irland über England, Belgien, das Ruhrgebiet, sich weiter über Sachsen, Schlesien bis in die Ukraine erstreckend, eine weitgedehnte Geosynklinale, ein Mulde, die von einem Meer erfüllt war. In diese Geosynklinale brachten Flüsse vom Festland im Norden (Old Red-Kontinent, Kaledonisches Gebirge) und im Süden Sand, Ton und Geröll hinein, 80 Mio Jahre lang. Schicht auf Schicht der Ablagerungen sank auf den Meeresboden. Obschon das Meer keine Tiefsee war, wurde es nicht mit diesem Schutt aufgefüllt, weil der Meeresboden, wenn auch nicht gleichmäßig, absank. So entstand in Westfalen, südlich des Ruhrgebietes, eine Schichtenfolge von 9 500 m Mächtigkeit. Gegen Ende der Devonzeit, vor allem aber an der Wende vom Unter- zum Oberkarbon vor etwa 320 Mio Jahren, wurden die Ablagerungen in diesem Meerestrog von einer Gebirgsbildung erfaßt, die von Süden nach Norden vorrückte. Es ist die *variscische*[2]) *Gebirgsbildung.* Sie preßte die devonische und unterkarbonische Trogfüllung des alten devonischen Meeres zu einem mächtigen Gebirge auf, dem *Variscischen Gebirge.* Es war ein Faltengebirge, zu dessen heutigem Abtragungsrumpf das Rheinische Schiefergebirge gehört. Sauerland und Bergisches Land im Süden und Südosten des Ruhrgebietes als Teile des Rheinischen Schiefergebirges sind also Reste des Variscischen Gebirges.

Nur im Norden des Gebirges verblieb ein Rest der devonischen Geosynklinale. Man nennt sie die *subvariscische Saumtiefe.* Hier ging die Sedimentation weiter. Auch der Boden dieses Beckens sank langsam und unregelmäßig ab. Die Schichtenfolgen erreichten hier Mächtigkeiten von mehr als 4 000 m. Sie bilden das Oberkarbon. Immer dann, wenn die Senkung langsam erfolgte oder ganz zum Stillstand kam, entstanden im Niveau des Grundwassers ausgedehnte Flachmoore. Damals hatte unser Gebiet ein feuchtwarmes und niederschlagsreiches Klima. Es war die Voraussetzung für die überaus üppige Vegetation jener *Waldsumpfmoore,* aus denen später die Kohlenflöze entstanden. Die wichtigsten Pflanzen dieser Moore waren Siegelbäume, Schuppenbäume, dazu baumartige Farne, Schachtelhalme und Bärlappgewächse, die es als Kümmerformen noch heute gibt, und bis 30 m hohe Cordaiten, baumartige, nacktsamige Pflanzen (Gymnospermen).

Wenn der Boden wieder stärker absank, wurden diese Waldsumpfmoore von den Bächen und Flüssen des umliegenden Festlandes, vor allem des Variscischen Gebirges im Süden, überschwemmt und mit Schlamm, Sand und Geröll zugedeckt. Sobald die Absenkung langsamer erfolgte oder ganz zum Stillstand kam und der Boden wieder landfest geworden war, kam es wieder zur Bildung eines Waldsumpfmoores. Aber auch das ertrank wieder bei erneuter schneller Absenkung, der ebenfalls wieder eine Überflutung und Überdeckung mit Schlamm folgte. Dieser Rhythmus von Stillstand = Bildung eines Waldsumpfmoores, und

---

1) Benannt nach der südenglischen Landschaft Devonshire.

2) Benannt nach den Variscern, einem germanischen Volksstamm.

Absenkung = Ertrinken des Moores und Überdeckung mit Schlamm, Sand und Geröll wiederholte sich etwa 200 mal, wenn man auch die kurzzeitigen Stillstands- = Moorbildungsphasen mit berücksichtigt. Aus den Mooren entstanden die *Kohlenflöze,* aus dem Schutt der Flüsse und Bäche, den Sedimenten, das *Nebengestein.* Im Laufe von Jahrmillionen wurde durch Verfestigung aus Schlamm Schieferton, aus Sand Sandstein, aus Sand und Kies Konglomerat. Als Bindemittel für Sandstein und Konglomerate diente Kieselsäure.

In den Bergen beiderseits der mittleren und unteren Ruhr bilden die weichen Schiefertone die Täler, während die sehr harten Sandsteine und Konglomerate als Bergkämme emporragen. Kohlenflöze und Nebengestein in ihrer Wechsellagerung bilden zusammen das *Steinkohlengebirge.* In diesem Fall ist „Gebirge" ein bergmännischer Ausdruck, ist also nicht gleichzusetzen mit einem Bergland. Nur 2 % der Mächtigkeit des Steinkohlengebirges im Ruhrgebiet bestehen aus abbauwürdigen (der Bergmann sagt „bauwürdigen") Kohlenflözen, ca. 80 Flöze. 98 % sind Nebengestein. Dieses ungünstige Verhältnis verteuert natürlich den Kohlenbergbau ungemein.
In manchen Schichten des Ruhrkohlenkarbons finden wir Versteinerungen von typischen Salzwassertieren, z.B. von Kopffüßern, Cephalopoden, darunter vor allem Goniatiten. Das beweist, daß zeitweise auch das Meer die subvariscische Saumtiefe überflutet hat. Diese Ablagerungen nennt man die „marinen Niveaus" des Ruhrkarbons. An anderen Stellen konnten in Brackwasser (schwachsalziges Wasser) muschelartige Brackwassertiere leben, z.B. die Lingula. Auch sie findet man unter den Versteinerungen. An anderen Stellen wieder bildeten sich im Senkungsgebiet flache Süßwasserseen, in denen eine Süßwasser-Fauna, auch hier vor allem Muscheln, leben konnte.
Die Zeit der Steinkohlenbildung dauerte im Ruhrgebiet etwa 50 Mio Jahre. Gegen Ende dieser Zeit, ungefähr vor 270 Mio Jahren, wurde aber auch das Gebiet der subvariscischen Saumtiefe, das nunmehr von den rd. 4 000 m mächtigen Ablagerungen des Oberkarbons ausgefüllt war, von der nach Norden vorrückenden variscischen Gebirgsbildung erfaßt. Die Sedimentation hörte auf. Die ursprünglich horizontal abgelagerten Moor- und Sedimentschichten wurden auch hier zu einem Gebirge aufgefaltet. Dabei entstanden, von WSW nach ONO verlaufend (= „im variscischen Streichen"), eine Anzahl von *Sätteln* und *Mulden,* die für die Technik des Kohlenabbaus von großer Bedeutung sind (Fig. 6).

Sie heißen von Süden nach Norden:

die Wittener Hauptmulde,
der Stockumer Hauptsattel,
die Bochumer Hauptmulde,
der Wattenscheider Hauptsattel,
die Essener Hauptmulde,
der Gelsenkirchener Hauptsattel,
die Emscher-Hauptmulde,
der Vestische Hauptsattel,
die Lippe-Hauptmulde und
der Dorstener Hauptsattel.

Die südlichen Sättel und Mulden sind wesentlich steiler als die nördlichen.

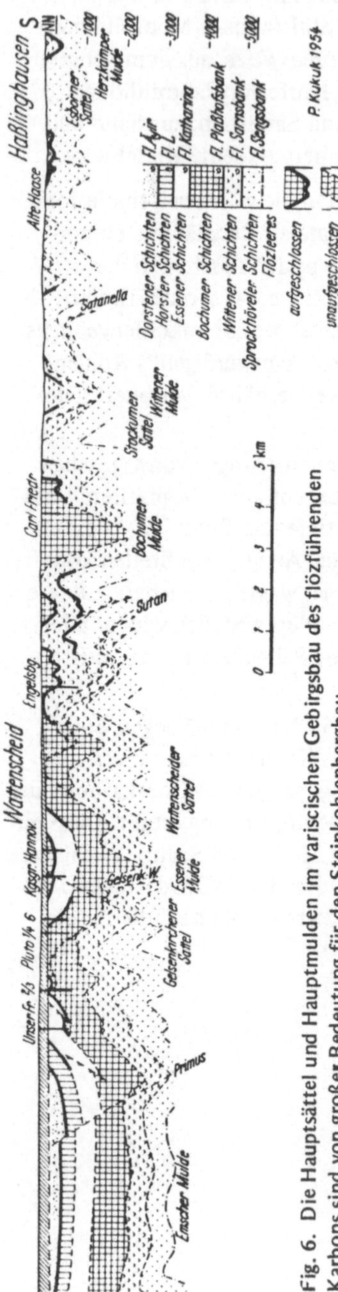

Fig. 6. Die Hauptsättel und Hauptmulden im variscischen Gebirgsbau des flözführenden Karbons sind von großer Bedeutung für den Steinkohlenbergbau

Die Bezeichnungen *Haupt*mulde und *Haupt*sattel weisen daraufhin, daß es daneben zahlreiche kleinere und größere Spezialmulden und -sättel gibt (Fig. 7 und 8). Das bedeutet eine außerordentliche Erschwerung des Abbaus, die noch dadurch kompliziert wird, daß bei der Gebirgsbildung die Sättel und Mulden zerrissen und die Sattel- und Muldenteile entlang von Verwerfungen gegeneinander verstellt wurden. ***Das Ruhrkarbon hat also eine äußerst komplizierte Tektonik.***

Nach der Entstehung des Varischischen Gebirges zu Ende des Oberkarbons war das ganze Gebiet lange Zeit landfest. Die Erosion trug das Gebirge langsam wieder ab. Lediglich im Gebiet des Niederrheins drang das *Zechsteinmeer* nach Süden vor und hinterließ bei dem zu dieser Zeit herrschenden heißen, wüstenhaften Klima Salzablagerungen. Sie bilden die Grundlage für den Salzabbau am linken Niederrhein, in Borth. Darüber lagerten sich Buntsandsteinschichten ab. Im östlichen, westfälischen Gebiet wurde das Variscische Gebirge zur Fastebene eingerumpft (Fig. 9). Erst das Meer der Oberen Kreidezeit brachte vor etwa 70 Mio Jahren auch diesem Gebiet eine erneute Meeresüberflutung (Transgression), die bis tief in das Sauerland hineinreichte. Die Ablagerungen dieses Meeres mit Sanden, Kalksteinen, Kalksandsteinen und Mergeln bilden das Deckgebirge des rechtsrheinischen Reviers. Am Ende der Oberkreidezeit kam es im Norden des Ruhrgebietes zu einer neuen Gebirgsbildung. Dabei entstand das Weserbergland. Der horizontale Druck dieser Gebirgsbildung wirkte nach Südwesten auf die Ablagerungen des Karbons und führte in den Steinkohlenschichten zu erneuten tektonischen Störungen, zumeist quer zum variscischen Streichen. Dadurch wurde die Tektonik des Ruhrgebietes noch komplizierter. Das Kreidemeer zog sich wieder zurück. Später, vor rd. 50 Mio Jahren, bildete sich zwischen dem heutigen

Fig. 7

Der Stockumer Hauptsattel, aufgeschlossen im Steinbruch der ehemaligen Zeche Klosterbusch südöstlich von Bochum

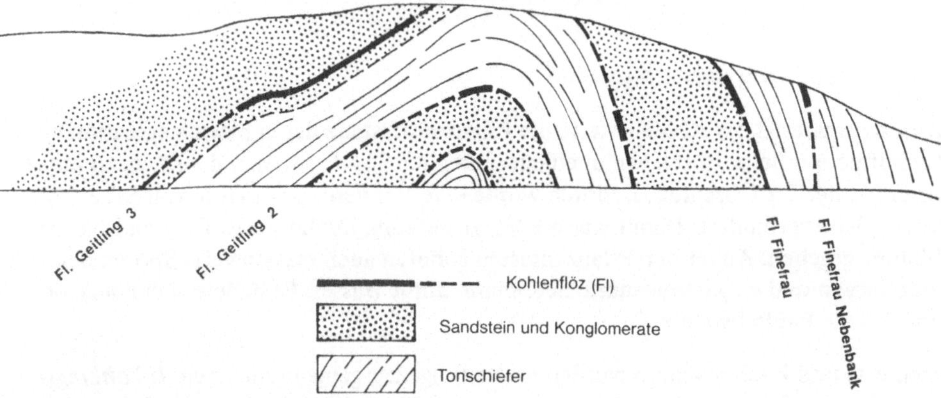

Fig. 8. Profil durch den Stockumer Hauptsattel

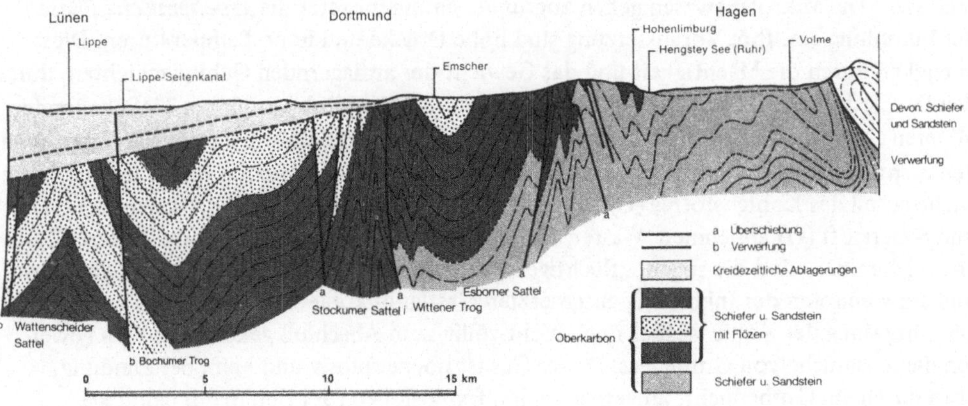

Fig. 9. Geologischer Schnitt durch das Steinkohlengebirge

Bergischen Land und Westerwald einerseits und der Eifel andererseits ein Grabenbruch. Es entstand die Kölner Bucht. Diese Bucht füllte sich mit Tonen und Sanden eines tertiären Meeres, das von Holland her nach Süden vordrang und auch die Zechstein- und Buntsandstein-Ablagerungen am Niederrhein überdeckte. Daher besteht das *Deckgebirge am Niederrhein* aus Ablagerungen des Zechsteins mit bauwürdigen Salzen, aus Buntsandstein und aus tertiären Sanden und Tonen. Das rechts- und das linksrheinische Kohlengebiet haben also ein unterschiedliches Deckgebirge. Beide aber wurden im Pleistozän durch das nordische Eis überfahren, das einmal sogar bis zur Ruhr vordrang und Geschiebemergel, Sande, Lehme und Findlinge zurückließ. Darauf folgte die Löß-Überwehung.

Auch heute ist das alte Variscische Gebirge noch nicht ganz zur Ruhe gekommen. Seit dem Ende des Tertiärs hebt es sich wieder, während das nördliche Vorland absinkt. Das Aufsteigen des Gebirgsrumpfes ist deutlich sichtbar daran, daß die Flüsse sich tief in das Gebirge einschneiden. Die kleinen Nebenbäche formen Schluchttäler aus, die man im Ruhrgebiet „Siepen" nennt.

3.2. Die Entstehung der Steinkohle

Das Ausgangsmaterial der Kohle lieferte die Pflanzensubstanz der üppigen Vegetation der Waldsumpfmoore. Beim Absterben in einem sinkenden Lande gerieten die Pflanzen unter Wasser und unter Luftabschluß. Dadurch wurde eine Verwesung mit Hilfe von Sauerstoff der Atmosphäre verhindert. Damit war die Voraussetzung für die Vertorfung und für die Torfbildung gegeben. Außer den Pflanzenresten gerieten auch massenweise Sporen der Karbonpflanzen und eingeschwemmte Sedimente unter Wasser. Es bildete sich Plankton und am Grunde Faulschwamm.

Pflanzenreste und Faulschwamm wurden in der Folgezeit gemeinsam einem *Inkohlungsprozeß* unterworfen. Dieser Prozeß besteht aus zwei Phasen, einer biochemischen und einer geochemischen. In der *biochemischen Phase* entsteht in einem Gärungsprozeß mit Hilfe von Bakterien Moder – Torf – Braunkohle. Damit ist die biochemische Phase abgeschlossen. Die Mikrolebewesen gehen zugrunde. Nunmehr setzt die *geochemische Phase* der Inkohlung ein. Ihre Voraussetzung sind hohe Drücke und hohe Temperaturen. Diese entstehen durch die Mächtigkeit und das Gewicht der auflagernden Gebirgsschichten, durch den Druck der gebirgsbildenden Vorgänge und durch die mit der größeren Tiefe bedingten höheren Gebirgstemperatur (geothermische Tiefenstufe). Bei diesen Vorgängen nimmt von den ursprünglich in den Pflanzen vorhandenen wichtigsten chemischen Elementen der Gewichtsanteil des Kohlenstoffes (C) zu, während die Gewichtsanteile von Wasserstoff (H) und Sauerstoff (O) abnehmen. Wasser, Kohlendioxyd, Grubengas (CH_4) und andere Stoffe entweichen. Das sind die sogen. „flüchtigen Bestandteile" der Kohle, die bei der jüngsten und am wenigsten der Inkohlung ausgesetzten Gasflammkohle noch besonders hoch sind. Die Entgasung der Kohle ist hier noch nicht völlig zum Abschluß gekommen. Das beweisen die Ausbrüche von Grubengas. Dieses Gas ist hochexplosiv und kann bei Zündung, etwa durch ein Grubenlicht, zu verheerenden Explosionen (der Bergmann nennt sie „Schlagende Wetter") führen, die in der Geschichte des Ruhrbergbaus bisher über 5 000

Menschenleben gefordert haben. Die Kohle wird mit zunehmender Inkohlung immer reicher an Kohlenstoff. Ihren Endzustand als Brennstoff erreicht sie im Anthrazit; der absolute Endzustand ist der Graphit (Tabelle 2).

Tabelle 2

Die Auswirkung der Inkohlung
Es sind enthalten in Gewichtsprozenten:

in	C	H	O
Holz	50	6	43
Torf	60	6	33
Braunkohle	70	6	23
Flammkohle	82	5,8	10
Gasflammkohle	84	5,7	8
Gaskohle	87	5,5	6
Fettkohle	89	5.0	4
Eßkohle	90	4,3	3
Magerkohle	91	3,9	2,5
Anthrazit	92	3,7	2,0
Graphit	100	–	–

Der Inkohlung parallel geht eine *Verminderung des Volumens.* So würde einem Torflager von elf Meter Mächtigkeit ein Braunkohlenflöz von sieben und ein Steinkohlenflöz von vier Meter Mächtigkeit entsprechen.

3.3. Die Kohlenvorräte

Aus den Waldsumpfmooren der Steinkohlenzeit entstanden durch die Inkohlung die Steinkohlenvorräte im Ruhrgebiet. Dabei unterscheidet man:

a) Bauwürdige Flöze. Das sind solche Flöze, deren Abbau nach Mächtigkeit und Lagerungsverhältnissen wirtschaftlich lohnend und technisch möglich ist.

b) Bedingt bauwürdige Flöze. Bei diesen Flözen sind die obigen Voraussetzungen nicht in vollem Umfang gegeben.

c) Nicht bauwürdige Flöze. Ihr Abbau lohnt nicht, weil die Mächtigkeit der Flöze zu gering oder ihre Lagerungsverhältnisse zu kompliziert sind, so daß sie z.B. den Einsatz von modernen Abbaumaschinen unmöglich machen.

Nach den heutigen technischen Voraussetzungen rechnet man bis zu einer Teufe von 1 200 m mit rd. 50 bauwürdigen und rd. 30 bedingt bauwürdigen Flözen. Aber die technischen und die wirtschaftlichen Bedingungen ändern sich ständig.

Das Ruhrrevier ist bis zu einer Teufe von 1 200 m geologisch sehr genau erforscht. Darum hat man eine genaue Kenntnis der Kohlenvorräte und ihrer gegenwärtigen Bauwürdigkeit (Fig. 10).

Steinkohlen des Ruhrreviers		
Bauwürdige Flöze	Bedingt bauwürdig	Nicht bauwürdig
34,2 Mrd. t	14,4 Mrd. t	16,6 Mrd. t
52,4 %	22,1 %	25,5 %
Insgesamt 65,2 Mrd. t = 100 %		

Fig. 10

Die sicheren Steinkohlenvorräte des Ruhrreviers und ihre Bauwürdigkeit

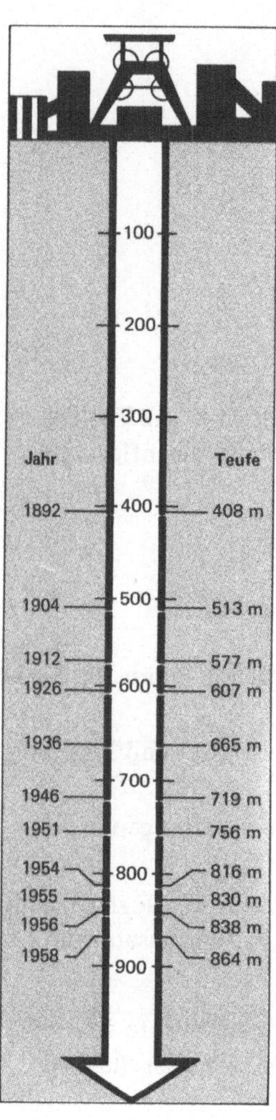

Fig. 11

Die Durchschnittsteufe der Kohlengruben seit 1892

Die sicheren bauwürdigen Flöze reichen bei einer durchschnittlichen Jahresförderung von 100 Mio t unter den gegenwärtigen Bedingungen noch für 350 Jahre.

Der Kohlenbergbau im Ruhrrevier rückte in den letzten 130 Jahren seiner Geschichte nicht nur immer weiter nach Norden vor, er ging auch beständig in immer größere Tiefen. Das zeigt das folgende Schaubild (Fig. 11).

Heute ist die Teufe von 1 200 überschritten. Die z. Zt. tiefsten Schächte im Ruhrgebiet befinden sich auf den Zechen

Amalie (Essen) 1213 m
Westfalen (Ahlen) 1233 m
Ewald (Recklinghausen) 1286 m.

Auch unter 1 200 m Teufe befinden sich noch erhebliche Kohlenvorräte. Sie werden als *wahrscheinliche Vorräte* bezeichnet. Für die Teufe von 1 200–1 500 m werden sie mit 30 Mrd bis 42 Mrd t je nach Bauwürdigkeit angegeben.

3.4. Die Kohlenarten

Kohle ist nicht gleich Kohle! Der verschiedene Grad der Inkohlung läßt verschiedene Kohlearten entstehen, die sich durch ihren Anteil an Kohlenstoff und flüchtigen Bestandteilen in ihrer chemischen Zusammensetzung unterscheiden, einen unterschiedlichen Heizwert besitzen und zusammen mit anderen Eigenschaften letztlich ihre besondere Verwendung bestimmen. Einen Überblick über ihr Vorkommen, ihre wichtigsten Eigenschaften und ihre Verwendung gibt Tabelle 3.

Tabelle 3: Die verschiedenen Kohlearten und ihre Verwendung

Schichten-einteilung	Gebirgs-mächtig-keit (Durch-schnitt) m	Zahl der bauwürdigen Flöze (im Mittel)	Anteil der bau-würdigen Kohle (etwa %)		Gehalt d. Kohle an fl. Bestand teilen (in d. wasser u. asche-freien Subst.) %	Heiz-wert der Rein-kohle kcal/kg	Verwen-dung der Kohle
Dorstener Schichten (Flammkohlen-schichten)	über 350	8	2,1	hochbituminöse Kohlen	über 40	7550 bis 7950	Vergasung, Verschwelung Gas- und Dampf-erzeugung
Horster Schichten (Gasflamm-kohlen-schichten)	350	9	1,9		35–40		
Essener Schichten (Gaskohlen-schichten)	500	10	2,9		28–35	7950 bis 8350	Gaserzeugung Kesselfeuerung Feinkohlen als Beimi-schung f. d. Kokserzeugung
Bochumer Schichten (Fettkohlen-schichten)	450–600	14–20	3,7	mittelbit. Kohlen	19–28	8350 bis 8450	Feinkohlen für Koks-erzeugung, Industrie-kohlen
Wittener Schichten (Eßkohlen-schichten)	400	4	1,0	geringbit. K.	14–19	8450	Kesselfeuerung, Schmiedezwecke, Feinkohle f. Brikether-stellg. u. Bei-mischung f. d. Kokserzeugung
Sprockhöveler Schichten (Magerkohlen-schichten)	600	3	0,7	anthraz. K.	3–14	8430	Hausbrand- u. Industrie-zwecke, Fein-kohle für Brikett-herstellung

Der Reichtum der bauwürdigen Kohlenvorräte und die große Anzahl von Kohlenarten sind ein großer Vorteil des Ruhrkohlenreviers. Besonders hoch ist dabei der Anteil an Fettkohlen. Sie sind besonders geeignet für die Erzeugung von Koks und begründeten den Ruf des Ruhrkoks als eine der besten Koksarten der Welt, insbesondere für die Beschickung von Hochöfen zur Erzeugung von Roheisen. Eine Vorstellung vom Anteil der einzelnen Kohlearten vermittelt das nachstehende Diagramm (Fig. 12). Dabei ist zu beachten, daß entsprechend der Gepflogenheit der Geologen die jüngsten Schichten oben und die ältesten Schichten unten angegeben sind.

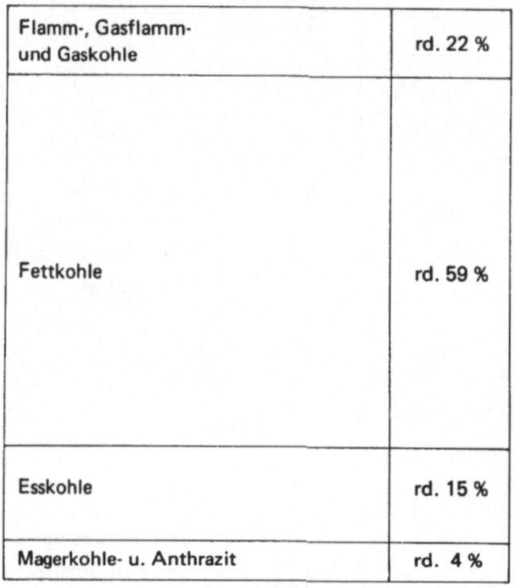

Flamm-, Gasflamm- und Gaskohle	rd. 22 %
Fettkohle	rd. 59 %
Esskohle	rd. 15 %
Magerkohle- u. Anthrazit	rd. 4 %

Fig. 12
Der Anteil der verschiedenen Kohlenarten an den gesamten Steinkohlenvorräten des Ruhrreviers

3.5. Erze und Salze

Mit der Entstehung der Kohle bildeten sich gleichzeitig durch Ausfällung von Eisenkarbonat (Fe CO_3) aus eisenhaltigen Quellwässern drei Varietäten von Eisenerz:

Spateisenstein
Kohleneisenstein
Toneisenstein.

Der Spateisenstein entstand über bereits verfestigtem organischen Untergrund. Bestand der Untergrund aus noch unverfestigter organischer Substanz oder ging das Wachstum des Steinkohlensumpfwaldes weiter, so trat eine innige Vermengung von Eisen mit organischer Substanz ein. Das Ergebnis ist der Kohleneisenstein.

Die Eisensteinflöze kommen in allen Kohlenarten vor. Heute haben sie zwar keinerlei wirtschaftliche Bedeutung mehr, aber von 1850 bis 1912 wurden sie zeitweise in etwa 85 Zechen abgebaut, oft gleichzeitig mit der Kohle als Nebenprodukt. Besonders wichtig war der Abbau im ältesten Teil des Reviers, beiderseits der Ruhr. Bei der Eisenerzförderung aus dem Karbon hat es sich zwar zu keiner Zeit um größere Fördermengen gehandelt, aber bei den damaligen Verkehrsverhältnissen um 1850 war die Beschaffung von Eisenerz aus Lagerstätten außerhalb des Ruhrgebietes unwirtschaftlich. Die Eisensteinflöze des Karbons

ermöglichten die Gründung von Eisenhütten oder trugen zu ihrer Rentabilität bei. Beispiele sind die Hermansshütte in Dortmund-Hörde, die Henrichshütte in Hattingen, die Phönix-Hütte in Essen-Kupferdreh und die wieder eingegangene Haßlinghauser Hütte in Haßlinhausen im südlichsten Teil des Reviers. Erst die Eisenbahnbauten der 2. Hälfte des 19. Jh. erschlossen der Hüttenindustrie des Ruhrgebietes die Eisenerze des Siegerlandes und Lothringens. Erst mit dem 20. Jh. gewannen die nordschwedischen Erze an Bedeutung.
Am linken Niederrhein wurden Ende des vorigen Jahrhunderts reiche ***Steinsalzlager*** erbohrt. Sie erstrecken sich von Duisburg-Walsum bis nach Holland. Geologisch gesehen sind sie die Verdunstungsrückstände von Lagunen des Zechsteinmeeres. Diese Lager erreichen stellenweise eine Mächtigkeit bis zu 200 m und liegen über der Kohle. Sie werden heute in einer Schachtanlage bei Borth ausgebeutet, die mit rd. 1 000 Beschäftigten jährlich 4 Mio t Steinsalz fördert. Dieses Salz wird sowohl für Zwecke des Haushalts wie der Industrie genützt. Die Industrie stellt daraus vor allem Soda und Ätznatron her, welche in chemischen Fabriken, Glashütten und Chemiefaserwerken Verwendung finden.

4. Die Entwicklung der Wirtschaftszonen des Ruhrreviers

Ein geschichtlicher Überblick

Bild, Struktur und Funktion des heutigen Ruhrgebietes werden nur verständlich, wenn man die Geschichte seines Werdeganges kennt. Die Wirtschaftszonen im Ruhrgebiet sind ursprünglich vorwiegend Bergbauzonen.

Es sei festgestellt:

1. Infolge von gebirgsbildenden Vorgängen wurde das Steinkohlengebirge gefaltet und schräggestellt. Auf diese Weise treten die ältesten Teile des Gebirges mit den gasärmsten und kohlenstoffreichsten Kohlenarten im Süden, beiderseits der mittleren und unteren Ruhr auf, und zwar treten sie dort ohne jedes Deckgebirge offen zutage. Es sind Anthrazite und Magerkohlen. Nach Norden zu werden diese Kohlenarten von immer jüngeren, gasreicheren und kohlenstoffärmeren Kohlenarten überlagert, bis hin zu den jüngsten, den Flammkohlenschichten im Bereich der Lippe. Je nördlicher im Revier eine Zeche liegt, desto größer wird darum die Zahl der ihr zum Abbau zur Verfügung stehenden Kohlenflöze und desto größer wird auch die Zahl der Kohlenarten.
2. Aus Sicherheitsgründen muß der Abbau der Kohlen im allgemeinen von oben nach unten erfolgen. Nach Norden nimmt die Mächtigkeit des kohlenfreien Deckgebirges beträchtlich zu. Beides schränkt bei den nördlichen Zechen die Zahl der geförderten Kohlenarten ein. Nach der überwiegenden Produktion unterscheidet man Mager-, Fett-, Gas- und Gasflammkohlenzechen. Sie sind jeweils an bestimmte Bergbauzonen gebunden.
3. Der Verlauf der Flüsse, der Bau und das Formenbild des Untergrundes haben dazu geführt, daß auch die Naturlandschaft des Ruhrgebietes zonenförmig von Westen nach Osten angeordnet ist. Dieser Anordnung haben sich bisher auch die wichtigsten Verkehrslinien angepaßt.

4.1. Die Ruhrzone

4.1.1. Die Gewinnung der Kohle

Urkundlich wird der Kohlenbergbau zuerst im Jahre 1298 genannt. Wo Kohlenflöze offen zutage traten, wo der Pflug des Bauern, wo Maulwürfe oder die Wurzelscheiben umgestürzter Bäume Kohleteile durch den Humus an die Erdoberfläche geschafft hatten, begann man zu graben und zu hacken. Beim Steinbrechen in Steinbrüchen oder beim Ausschachten von Hausfundamenten kam ebenfalls Kohle an die Oberfläche. Noch in den brennstoffarmen Jahren des II. Weltkrieges und in den ersten Jahren danach konnten manche Familien in den Bergen an der Ruhr ihren Kohlenbedarf aus flachen Gräben im eigenen Garten decken.

Folgende Techniken des Kohlenbergbaus sind an der Ruhr festzustellen:

1. Die erste und bis zur Mitte des 15. Jh. vorherrschende Form des Kohlenbergbaus war die Zeit des *primitiven Tagebaus* in Löchern („Pingen“) und Gräben. Dieser Abbau mußte abgebrochen werden, sobald die Abbaustellen sich mit Wasser füllten, dem größten Hindernis des Bergmanns jener Zeit.
2. Von der Mitte des 15. Jh. bis zum Ende des 16. Jh. herrschte der sogen. *Püttenbau* vor. Ein „Pütt“ ist ein nur wenige Meter tiefer brunnenartiger Schacht (von lat. puteus = der Brunnen. Hierher rührt der Bergmannsausdruck für Kohlenzeche, Pütt. Viele Bergleute sagen nicht, sie gingen zur Arbeit „auf die Zeche“, sondern sie arbeiten im „Pütt“). Im Streichen eines Flözes wurden ganze Reihen Pütten aufgegraben, deren eingestürzte Reste heute noch im Gelände zu sehen sind.
3. Von der Mitte des 16. Jh. bis zur ersten Hälfte des 19. Jh. herrschte der *Stollenbau* vor. Das heißt: Wo an Berghängen und Bachschluchten Kohlenflöze offen zutage traten, schlug man tunnelartige Gänge in die Kohle oder zwischen zwei dicht beisammenliegenden Flözen. Diese Stollen erreichten bereits im 17. Jh. bis zu 400 m. Sie wurden stets so angelegt, daß sie zum Eingang des Stollens, dem „Stollenmundloch“, leicht abfielen. Auf diese Weise konnten die Grubenwässer ungehindert abfließen. Damit die Bergleute, welche die Kohle lösten, an ihrer Arbeitsstelle tief im Berg („vor Ort“) für sich selber und für ihre Lampen („Geleucht“) ausreichend Frischluft bekamen, wurden alle 30–50 m nach oben hin Förder- und Luftschächte vorgetrieben. Aus diesen Schächten wurde mit Hilfe von handbetriebenen Haspeln oder mit Hilfe von Pferdegöpeln die gelöste Kohle an die Erdoberfläche gebracht. Um die Kohlen unterhalb der Stollen abzubauen, trieb man vom Stollen aus stark geneigte Gänge in das Gebirge („Berge“) oder auch senkrechte Gänge („Blindschächte“).

   Sie waren der Ausgang für horizontale oder schwach geneigte Gänge („Strecken“), von denen aus endlich der eigentliche Kohlenabbau im „Streb“ erfolgen konnte. Keine dieser zahlreichen Bauten hatten unmittelbare Verbindung mit der Erdoberfläche, somit auch keinen Abfluß des Grubenwassers. Das war aber notwendig, damit alle diese Gänge, die „Grubenbaue“, nicht ertranken. Deshalb baute man vom Ende des 16. Jh. ab eigene Stollen zum Wasserabzug. Sie heißen *„Erbstollen“*. Sie liegen jeweils an der tiefsten Stelle eines oft von zahlreichen Stollen und anderen Grubenbauten erschlossenen Berges knapp über dem Ufer eines Baches oder über dem Hochwasserstand der Ruhr. Bach oder Fluß waren die jeweils tiefsten Vorfluter. Ihre Lage bestimmte, wie tief man mit dem Kohlenabbau gehen konnte. Solch ein Erbstollen ist mit allen über ihm liegenden Grubenbauen verbunden; er dient nicht nur der Entwässerung, sondern auch der Belüftung der Baue. Ein Erbstollen kann drei und mehr Kilometer lang sein. Alle diese Bauten wurden mit Schlägel und Eisen durch den harten Fels getrieben. Während viele Erbstollen noch heute, obschon der Bergbau in ihrem Bereich längst erloschen ist, mit starker Wasserförderung ihre alte Aufgabe erfüllen, sind zahlreiche Stollenmundlöcher eingestürzt, verfüllt oder mit schweren Eisentoren verschlossen worden. Um 1 800 gab es beiderseits der Ruhr, wo das Steinkohlengebirge offen zutage tritt, etwa 150 fördernde Stollenbetriebe. Sie förderten zusammen jährlich 170 000 t Kohle, das sind rd. 1 200 t je Anlage.

4. Der *Tiefbau* bestimmte von der Mitte des 19. Jh. ab die Kohlengewinnung. Mit dem Tiefbau ging man weit unter die natürlichen Abflußmöglichkeiten für das Grubenwasser. Technische Voraussetzung für die Hebung des Grubenwassers und zugleich für die Förderung der Kohle war im Ruhrgebiet der Einsatz der Dampfmaschine. Die erste Dampfmaschine wurde hier 1799 auf der Zeche Vollmond in Bochum-Langendreer aufgestellt. Die tiefen Schächte, die Dampfmaschinen mit Kesselhäusern und die eisernen Schachtgerüste verlangten erhebliche Kapitalinvestitionen und setzten wesentlich ausgedehntere Abbaurechte voraus, also größere Grubenfelder. Darum kam es damals zu Zusammenschlüssen (= Konsolidationen) jeweils mehrerer kleiner Gruben zu einer größeren. Während die Kohlengruben der ersten und zweiten Abbauperiode nur wenige, etwa je fünf bis sechs Arbeitskräfte beschäftigen und die Zahl in der 3. Periode selten 20 überstieg, kam es bei den Tiefbauzechen bereits um die Mitte des 19. Jh. zu Schachtanlagen mit 400–500 Arbeitern.

4.1.2. Der Bergmann und die Bergmannssiedlung

Die *Beschaffung der Arbeitskräfte* war bis zu dieser Zeit kein Problem. In der 1. und 2. Periode wurde der Bergbau noch vielfach nebenberuflich betrieben, vor allem von Kleinbauern. Landwirtschaftliche Arbeit und Kohlengräberei wechselten im Jahreslauf ab; die Ansprüche des bäuerlichen Arbeitsjahres hatten den Vorrang. Mit dem Aufkommen des Stollenbaus wurden größere technische Ansprüche gestellt und mußten unter gefährlicheren Arbeitsbedingungen höhere bergmännische Erfahrungen vorausgesetzt werden. 1609 wurde der größte Teil des alten Bergbaugebietes an der Ruhr preußisch. Die preußischen Herrscher sorgten dafür, daß Fachleute aus den alten und technisch weit fortschrittlicheren Bergbaugebieten des Harzes und des Erzgebirges und später Waldecks an die Ruhr kamen. Dort wurden sie seßhaft. Auch an der Ruhr entwickelte sich ein eigener Bergmannsstand mit hohen technischen Kenntnissen, mit hohem Berufsethos und vielen Privilegien. Die für ihn durch Gesetze von 1766 bis 1770 geschaffenen sozialen Einrichtungen beruhten auf den vielhundertjährigen Erfahrungen in den älteren Bergbaugebieten und waren so mustergültig, daß sie als Grundlage für die deutsche Sozialgesetzgebung zu Ende des 19. Jh. dienen konnten.

Als an der Ruhr von 1772 ab die gemeinen Marken (Allmenden) aufgeteilt wurden, erwarben viele Bergknappen eigenen Grund und Boden. So wurden die abseitigen, meist in steilen Bachtälern („Siepen“) und an steinigen Bergflanken gelegenen Markenländereien in rascher Folge besiedelt. Es entstand abseits der bäuerlichen und gewerblichen Dörfer und kleinen Städte eine Streusiedlung mit wenigen weilerartigen Verdichtungen, besonders an Quellaustritten. Das Land, das für den Bauer zu wertlos war, um es unter den Pflug zu nehmen, wandelte der sprichwörtliche Fleiß des Bergmanns und seiner meist vielköpfigen Familie in Garten- und Ackerland für Kartoffeln, Roggen und Rüben, in Wiesen und in einen Obsthof um. Die Ländereien hatten meist ein Größe von 1/2–3 ha. Sie gestatteten die Aufzucht von einem oder mehreren Schweinen, die Haltung von Hühnern, von ein oder zwei Kühen oder Milchziegen (die Bevölkerung nennt die Ziegen scherzhaft „Bergmannskühe“) und die Ernte zumindest einer ausreichenden Menge von Gemüse und Kartoffeln. Dennoch war die Lebenshaltung stets sehr spartanisch. Die Häuser waren klein, aber sauber und gepflegt. Entweder wurden sie aus Fachwerk aufgeführt oder aber aus den harten Ruhrsandsteinen. Beide Baumaterialien boten sich an Ort und Stelle, oft auf dem eigenen Grund an.

Solch ein Besitztum nennt man einen „Bergmannskotten", die Besitzer „Bergmannskötter". Der Besitz machte die Menschen weitgehend unabhängig in den zahlreichen wirtschaftlichen und politischen Krisen, die das Ruhrgebiet immer wieder erschüttert haben. Die Bergleute schlossen sich zu „Knappen-Vereinen" zusammen und entwickelten ein hohes Standesbewußtsein. In ihrer Haltung sind sie nie Proletarier gewesen oder haben sich als solche gefühlt. In allen politischen Krisen waren sie konservativ, national und christlich. Bis 1928, als das „große Zechensterben" beiderseits der Ruhr begann, bestimmten die Bergmannskötter beruflich, siedlungsmäßig und wirtschaftlich Bild und Leben in den Bergen an der Ruhr.

4.1.3. Verwendung und Transport der Kohle

Die beiderseits der Ruhr gewonnene Kohle, Anthrazit und Magerkohle, ist sowohl für den Hausbrand als auch für Schmiedearbeiten besonders geeignet. Für den Hausbrand gewann sie erst an Bedeutung, als durch den Holzbedarf des Bergbaus die heimischen Wälder weitgehend abgeholzt und geeignete Öfen und Herde für die Verwendung der Kohle erfunden worden waren. Dagegen ist die Ruhrkohle als Schmiedekohle schon im 14. Jh. nachweisbar. Südlich und südöstlich des Ruhrgebietes bestand ein jahrhundertealtes eisenverarbeitendes Handwerk, so z.B. im Bergischen Land die Klingen- und Messerschmieden und im westlichen Sauerland die Drahtziehereien und ein umfangreiches eisenverarbeitendes Gewerbe in den Tälern der Lenne, Volme, Ennepe und besonders in deren Nebentälern. Sie waren die Hauptabnehmer der Kohle. Die Straßen in den Bergen an der Ruhr waren damals unvorstellbar schlecht. Ein Transport der Kohle mit Hilfe von Karren war nur bei winterlich gefrorenen oder sommerlich ausgetrockneten Wegen möglich. Den Haupttransport mußte daher der Pferderücken übernehmen. Jedem Pferd wurden Ledersäcke mit 150–200 kg Kohle aufgeladen. In ganzen Karawanen ging der Kohlentransport vor sich. Erst nach den napoleonischen Kriegen, die 1815 mit dem Wiener Kongreß ihr Ende fanden, wurden befestigte Straßen, Chausseen, gebaut. Eine der wichtigsten Straßen war die „Wittener Kohlenstraße", die von Witten nach Elberfeld führte. Sie war in den zwanziger Jahren des 19. Jh. die Straße Preußens, welche dank der Kohle den stärksten Güterverkehr aufwies. Daneben wurden zahlreiche weitere „Kohlenstraßen" von den Zechen zu den Abnehmern im Sauerland und im Bergischen Land gebaut.

Die preußische Regierung, der die Abgaben (das „Bergregal") aus den Kohlengruben ihres Territoriums an der Ruhr zustanden, war bemüht, den Absatz ihrer Kohle auszudehnen, vor allem nach Holland und nach Süddeutschland. Dazu brauchte man einen *Schiffahrtsweg.* Als solcher boten sich Ruhr und Rhein an. Die mittlere und untere Ruhr wurden in den Jahren 1774 bis 1780 mit 16 Schleusen ausgebaut und erreichte vor allem um die Mitte des 19. Jh., als die neuen Tiefbauzechen an der Ruhr hohe Förderleistungen erbrachten, eine große Bedeutung. Auf ihr verkehrten hölzerne Schiffe („Aaken") bis zu einer Tragfähigkeit von 150 t. Sie beförderten zwischen 1840 und 1860 in einzelnen Jahren bis zu 875 000 t Güter und machten die Ruhr zum damals frachtreichsten Fluß Deutschlands. Neben der Kohle hatten Steine eine Bedeutung als Frachtgut.

Die erste Hälfte des 19. Jh. war in Westdeutschland eine Zeit des Straßenbaues. Der feste Ruhrsandstein eignete sich dafür sehr gut. Darum entwickelte sich neben dem Kohlenbergbau beiderseits der Ruhr, insbesondere an den steilen Prallhängen des Ruhrtales, eine umfangreiche Steinbruchindustrie mit der Ruhr als Transportweg. Der bedeutendste Ruhrhafen war die Stadt Mülheim, kurz vor der Einmündung der Ruhr in den Rhein. Hier war auch das Zentrum des Kohlenhandels nach Holland und Süddeutschland. Die berühmten Unternehmerfamilien des rheinisch-westfälischen Ruhrgebietes, *Stinnes* und *Haniel,* stammen aus dem Kohlenhandel und der Kohlenschiffahrt Mülheims. Die in der Nähe der Ruhr gelegenen Zechen errichteten am Fluß Kohlenmagazine und teilweise kleine Hafenbecken. Schleppbahnen, das sind befestigte Wege, z.T. mit Schienen aus Holz, verbanden die Zechen mit der Ruhr. Zwischen 1820 und 1830 wurden auch regelrechte Eisenbahnen auf Anregung des Industriepioniers *Friedrich Harkort* erbaut, die ersten auf dem Kontinent. Das letzte Teilstück der ältesten dieser Bahnen, die vom südlichen Kohlenbergbaugebiet bei Silschede in das Ennepe-Tal bei Hagen führte, die sogen. Harkortsche Kohlenbahn, war bis 1960 in Betrieb und wurde 1965 abgebrochen. Diese Kohlenbahnen versorgten vor allem die frühen Industriegebiete im Bergischen Land und im westlichen Sauerland mit Kohlen. Mit der Entwicklung des Eisenbahnnetzes, vor allem der Ruhrtalbahn (1872–1874), kam die Ruhrschiffahrt um 1880 zum Erliegen.

Von dem wichtigsten Wirtschaftszweig dieser Zone, dem Kohlenbergbau, besteht heute südlich der Ruhr keine große Zeche mehr. Unzählige Bergbauspuren mit eingestürzten Pingen. Pütten und Schächten, mit verschlossenen Stollenmundlöchern, mit den Öffnungen der Erbstollen, mit Resten der Zechengebäude, der Schleppbahnen, der alten Kohlenbahnen, der Kohlenmagazine und Abraumhalden lassen unschwer die Ausdehnung des alten Reviers erkennen. Die alten Steinbrüche klaffen in den Bergflanken. Die beim Bergbau verwüsteten Wälder sind z.T. wieder aufgeforstet worden; stellenweise hat die Landwirtschaft ihren alten Raum wieder in Anspruch genommen. Das ganze alte Bergbaugebiet ist von Hunderten von Grubenbauten unterhöhlt. Immer wieder sinken unterirdische Baue zusammen, und die Erdoberfläche folgt. Darum zeigen viele Gebäude die typischen Risse und Neigungen der „Bergschäden" und mußten in ein Gerippe von Stahlstangen und Stahlträgern eingezwängt werden, damit sie nicht auseinanderfallen. So wurde die alte Ruhrzone zu einem großen industriellen Wüstungsgebiet.

4.2. Die Hellwegzone

Die Ausweitung der Ruhrzone nach Norden erhielt ihre stärksten Anstöße durch einige bahnbrechende Erfindungen des 18. und 19. Jh., die den Bedarf an Kohle auf bisher ungeahnte Weise ansteigen ließen. Es war die Erfindung der Dampfmaschine und ihre zunehmende Anwendung in allen möglichen Industriezweigen, bei der Eisenbahn und der Schiffahrt. Hinzu kam das neue Verfahren der Eisen- und Stahlgewinnung mit Hilfe des ebenfalls in England erfundenen Kokses anstelle von Holzkohle. Die Vorräte der alten Bergbauzone waren diesen Ansprüchen nicht gewachsen, weder mengenmäßig noch artenmäßig. So entwickelte sich der Bergau von der Mitte des 19. Jh. ab sprunghaft (Tabelle 4).

Tabelle 4

Jahr	Zechen	Bergleute	Durchschnitts-belegschaft je Zeche	Jahresförderung in t
1840	221	8 950	40	990 000
1850	198	12 750	64	1 660 000
1855	260	23 850	92	?
1860	281	29 300	104	4 360 000
1870	220	51 400	234	11 810 000
1875	267	83 800	314	16 980 000

4.2.1. Gewinnung der Kohle

Nördlich der Ruhrzone tritt die Kohle nicht mehr offen zutage. Es war zu Beginn des 19. Jh. völlig ungewiß, ob die Flöze beiderseits der Ruhr sich unter den Kreideschichten nördlich der Ruhrberge fortsetzen würden. Diesen Nachweis erbrachte nach jahrelangen Bohrungen *Franz Haniel* 1832/34 im Raum von Essen; bei 99 m Teufe stieß er auf Magerkohle unter den mergeligen Kreideschichten. Bei weiteren Bohrungen erreichte er 1837 bei 206 m Teufe (Zeche Kronprinz bei Essen) die Fettkohle und damit eine verkokbare Kohle, die man bisher nur von England und Oberschlesien kannte. Mit dieser Pionierleistung, die das gesamte Kapital der Familie Haniel erschöpft hatte, bewies *Franz Haniel* nicht nur, daß die in den Ruhrbergen zutage tretende Kohle sich unter den Kreideschichten forsetzte, sondern er erschloß dem Ruhrgebiet auch eine verkokbare Kohle und schuf damit die Voraussetzung für die Entwicklung der modernen Eisengewinnung „auf der Kohle". 1849 erfolgte der erste erfolgreiche Verhüttungsversuch mit Ruhrkoks auf der Friedrich-Wilhelm-Hütte in Mülheim – 100 Jahre später als in England und 50 Jahre später als in Oberschlesien.

Der endlich geglückte Durchbruch durch das stark wasserführende Deckgebirge fand rasch Nachahmer: bis 1850 entstanden weitere 15 „Tiefbau"-oder „Mergel" zechen um Essen, Wattenscheid, Bochum, Dortmund und Unna, also beiderseits der alten Handels- und Heerstraße Hellweg, nach dem diese neue Industriezone ihren Namen erhielt. Voraussetzung für die Bewältigung der reichen Grubenwässer und für die Förderung von Abraum und Kohle bis an die Tagesoberfläche war die Verwendung von Dampfmaschinen. 1828 gab es im Ruhrbergbau erst 26 Dampfmaschinen, 1843 waren es bereits 95 und 1860 361. Die neue Zechen verlangten von vornherein einen großen Maschinenpark, insbesondere Wasserpumpen und Fördermaschinen mit den entsprechenden Maschinen- und Kesselhäusern. Sie benötigten ein schweres Fördergerüst aus Mauerwerk (das man nach den Türmen der Festung Sewastopol auf der Krim „Malakow-Turm" nannte) oder aus Stahl. Sehr bald kam aus technischen Gründen und aus Gründen der Sicherheit ein zweites Fördergerüst hinzu; es entstanden die *Doppelschachtanlagen. Luftschächte* mit mächtigen Ventilatoren preßten Frischluft in die immer ausgedehnteren Grubenbaue der gegenüber den alten Anlagen weit größeren *Grubenfelder.* So entstanden, im Gegensatz zu den alten Abbautechniken an der Ruhr, große fabrikartige oberirdische Zechenanlagen. Diese „Übertageanlagen" prägen

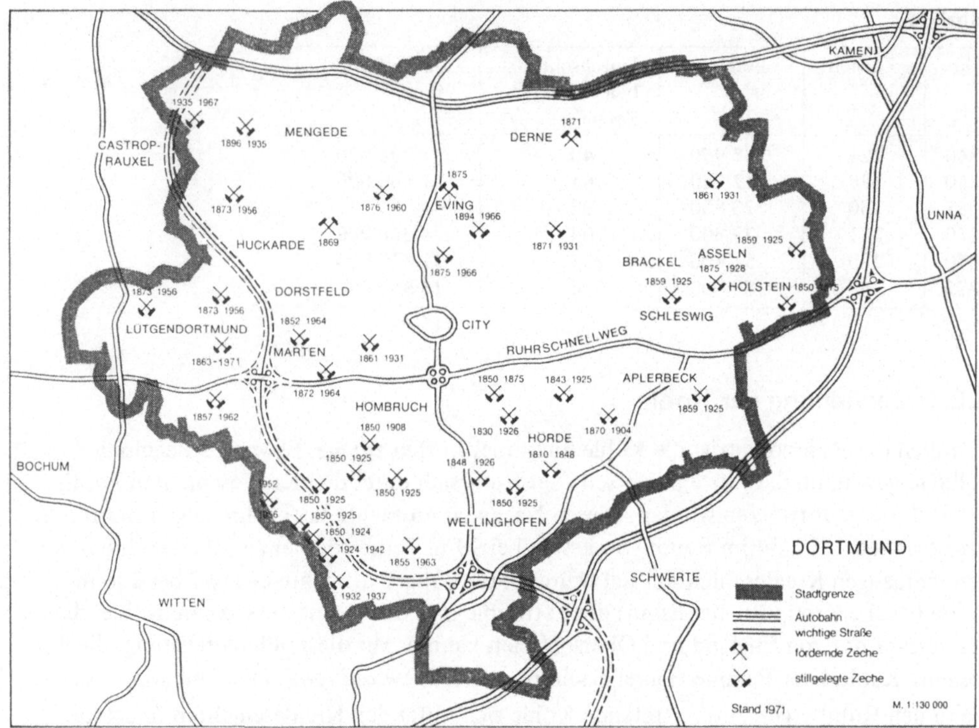

Fig. 13. Das Vorrücken des Kohlenbergbaus von Süden nach Norden am Beispiel des Stadtgebietes von Dortmund. Alle Zechen nördlich des Ruhrschnellwegs sind nach 1850 angelegt worden. Die meisten der südlich gelegenen Zechen wurden 1924–1925 geschlossen

bis in unsere Jahre das Landschaftsbild. Dazu gehören auch das verzweigte Schienennetz und die Verladeanlagen der Zechenbahnen. Bis heute wurden insgesamt 600 Tiefbauzechen im Ruhrgebiet abgeteuft (Fig. 13).

4.2.2. Die Entwicklung der Eisen- und Stahlgewinnung und der eisen- und stahlverarbeitenden Industrie

Seit Beginn der Erschließung der Hellwegzone als Bergbaugebiet entwickelte sich auch eine bedeutende eisen- und stahlgewinnende und -verarbeitende Industrie. Die Standortvoraussetzungen waren hier – anders als bei den Hüttenwerken der Ruhrzone – nicht in erster Linie die Funde von Eisenerzen, sondern die Tatsache, daß man zur Verhüttung von einer Tonne Erz wenigstens zwei Tonnen Koks benötigte. Der Transport des Erzes zur Kohle war also billiger als der Transport der Kohle zum Erz. Heute benötigen die besten Hochöfen bei guten Erzen nur noch 500 kg, im Durchschnitt 563 kg Koks. Damit haben die Standortvoraussetzungen sich erheblich verschlechtert. Zudem hatte sich gezeigt, daß die hier abgebaute Eß-[3]) und Fettkohle einen ungewöhnlich guten Hüttenkoks ergab. So

[3]) Eßkohle kommt von Esse = Schmiedeesse

entstanden in Essen, Bochum und Dortmund Hüttenwerke und in Verbindung mit den Hüttenwerken Anlagen zur Stahlgewinnung. Eisen und Stahl wurden z.T. an Ort und Stelle in Walzwerken, Maschinenfabriken und Stahlbauunternehmen verarbeitet. Es war die Zeit, als überall in Europa die Eisenbahnnetze entstanden und der Schiffbau vom Holz- zum Eisenschiff überging. Der Bedarf an Eisen und Stahl war darum bedeutend und förderte die Entwicklung der Hellwegzone außerordentlich. Erst später kamen weitere Hochofenwerke, Stahlwerke, Walzwerke und Gießereien hinzu, vor allem im Raum um Duisburg am Rheinufer und in Gelsenkirchen, während sich die älteste Hüttenanlage des Reviers, in Oberhausen, erheblich ausweitete.

4.2.3. Der Bergmann und die Bergmannssiedlung

Noch zu Beginn des 19. Jh. war die ganze Hellwegzone eine fruchtbare Ackerlandschaft. Keine der Städte erreichte damals 5 000 Einwohner. Es waren unbedeutende Kleinstädte. Aber sie konnten z.T. auf eine beachtliche historische Vergangenheit zurückblicken, so z.B. die Freie Reichsstadt Dortmund, deren Kaufleute in der Hansezeit einen so blühenden Handel in ganz Europa betrieben, daß ihnen viele Jahre lang die englische Königskrone verpfändet war; oder die Stadt Essen, die seit dem 9. Jh. bis 1804 Sitz einer berühmten und mächtigen Abtei gewesen war, deren Äbtissin den Rang einer Reichsfürstin hatte.

Die neuen Zechen waren von vornherein Großzechen mit mehreren hundert Arbeitern. 1870 betrug die durchschnittliche Belegschaftszahl 234, 1 900 bereits 1 384 Mann. Diesen Arbeiterbedarf konnte die heimische Landschaft nicht stellen. Es kam zu immer stärker ansteigenden Zuzügen aus dem nahen und weiten Umland, zunächst aus dem übrigen Westfalen, aus Hessen und dem Rheinland, später vor allem aus Holland und den deutschen Provinzen östlich der Elbe.

Der industrielle Aufbau des Reviers war außerordentlich hektisch und verlief ohne die planerischen Einsichten, die heute allgemeine Gültigkeit haben. Außerdem erfolgte er unter den damals üblichen Gesichtspunkten rücksichtslosen kapitalistischen Gewinnstrebens ohne verbindliche soziale Fürsorge für die Arbeiter. Ein Beispiel, das heute noch in Resten erkennbar ist, sind die für den Arbeiter vorgesehenen Wohnungen. Sie entstanden teils als Spekulationsobjekte privater Unternehmer. Ihre Kennzeichen sind 3- bis 4-geschossige Häuser mit Kleinstwohnungen und nur den allernotwendigsten hygienischen Einrichtungen. Sie entstanden vorwiegend an den Ausfallstraßen der z.T. noch mittelalterlich geprägten historischen Orte. Auf diese Weise dehnten sich diese Orte strahlenförmig, vielfach unterbrochen und in großer Monotonie beiderseits der Chausseen und Landwege zu den Nachbarorten aus. Andere Unternehmer bauten Blocks oder Zeilen gleichartiger Häuser ohne feste Zuwegung mitten in die Feldmark hinein, wo gerade Baugrund zu erwerben war. Auch die Eigentümer der Zechen sahen sich genötigt, für Unterkünfte zu sorgen. Außer primitiven Baracken für die ledigen Arbeiter mit nicht mehr als einer engen Schlafstelle errichteten sie schlichteste ein- oder anderthalbgeschossige Wohnungen in langer Reihung mit einer gemeinsamen Wasserstelle für 10–12 Familien und gemeinsamen Außenklosetts. Diese „Zechenkolonien“ folgten dem Vorbild der „victorian rows“ in

England und stellten für ihre Zeit einen großen sozialen Fortschritt dar. Sie sind die Vorläufer der behaglichen, gepflegten und hygienischen gartenstadtähnlichen Arbeiterkolonien, wie sie seit etwa 1910 errichtet wurden und heute selbstverständlich sind. So entstanden in der ersten Phase der Entwicklung der Hellwegzone die berüchtigten öden, unhygienischen Arbeitervorstädte und Arbeiterviertel, zumeist in engster räumlicher Verbindung mit den Industriewerken, deren Lärm, Rauch und Schmutz ungehindert diese Wohnsiedlungen überschütteten. Kein Wunder, daß in solch trostloser Umgebung der Arbeiter sich als Proletarier fühlen mußte und radikalen politischen Richtungen zuneigte. Außerdem spielte der Alkohol hier eine üble Rolle. Mehr als soziale Bestrebungen es vermocht hätten, hat der verheerende Bombenkrieg 1942–1945 mit diesen Vierteln aufgeräumt und Platz frei gemacht für städtebauliche Sanierungen.

4.2.4. Verwertung und Transport der Kohle

Eß- und Fettkohle haben eine außerordentlich vielseitige Verwertung, insbesondere sind sie aber für die Verkokung geeignet. Bei der Verkokung werden Gas und Steinkohlenteer frei. Mit dem Fortschritt der Forschung öffnete die Verkokung einen weiten Bereich der Kohlechemie und der Kohlenwertstoffgewinnung.

Die steigende Kohlenförderung war mit den herkömmlichen Fracht- und Verkehrsmitteln nicht mehr zu bewältigen. Die Eisenbahn mußte diese Aufgabe übernehmen. Zu den ersten deutschen Eisenbahnen gehörten folgende Linien:

1. die Köln-Mindener Bahn (1847), die im Ruhrgebiet die Städte Duisburg, Oberhausen, Herne, Dortmund und Hamm berührt, also nördlich des damaligen Reviers lag;
2. die Bergisch-Märkische Bahn (1849), die von Elberfeld (heute ein Stadtteil von Wuppertal) über Hagen, Wetter und Witten nach Dortmund führt;
3. wichtig für das Ruhrgebiet wurde die Siegtal-Bahn, die ab 1861 das eisenerzreiche Siegerland im südlichen Zipfel Westfalens mit den Hochöfen des Reviers verband.

In rascher Folge wurden weitere Eisenbahnlinien gebaut, die zusammen mit einem dichten Werksbahnnetz dem Revier eine außerordentliche Eisenbahndichte gaben, deren Linien aber bis auf den heutigen Tag vorwiegend von Westen nach Osten orientiert blieben. Die Linienführung der 1. Bauperiode der Eisenbahn bevorzugte Ruhrort an der Ruhrmündung in den Rhein als Hafen. Damit trat Ruhrort als *Kohlenhafen* das Erbe Mülheims an für den Weitertransport der Ruhrkohle über den Rhein nach Süddeutschland und Holland (Fig. 14).

4.3. Die Emscher- und Lippe-Zone

Entstehung, Bild und Funktion

Die Nordverlagerung des Kohlenbergbaus setzte sich in dem Maße fort, wie die Kohle als Brennstoff und als Rohstoff für die Kohlechemie an Bedeutung gewann. Zwischen 1850 und 1870 rückte der Kohlenbergbau in die Feuchtregion beiderseits der Emscher vor, und kurz nach 1900 hatte er bereits die Lippe nach Norden überschritten. Die technischen Schwierigkeiten, die sich dem Niederbringen der Schächte in den Weg stellten, nahmen dadurch erheblich zu, daß *Fließsand* bewältigt werden mußte. Das ist ein mit Wasser über-

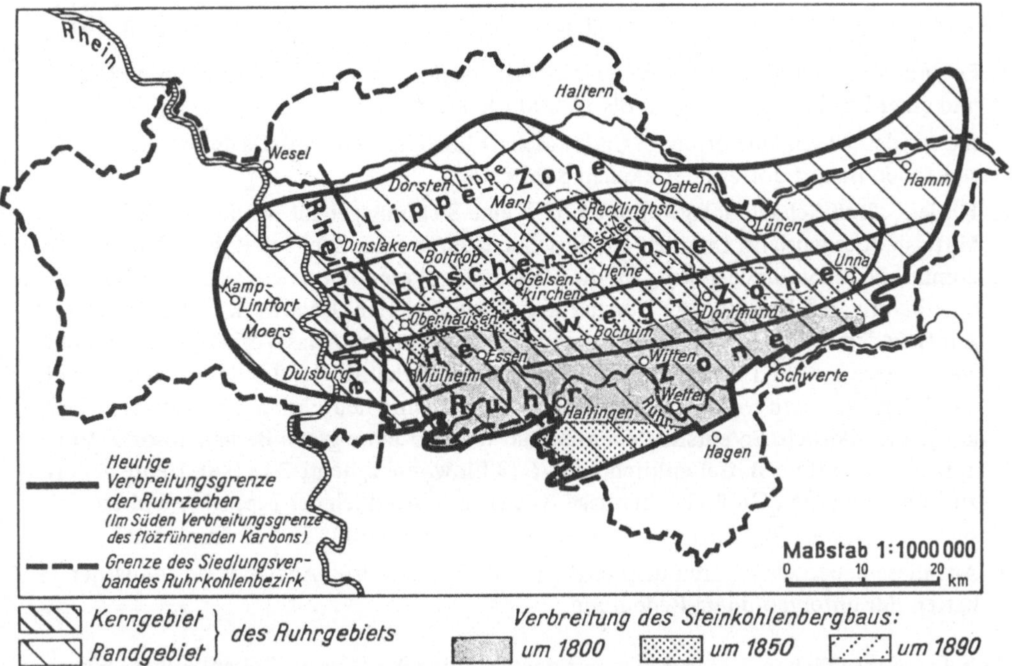

Fig. 14. Die Einteilung des Ruhrgebietes in erwerbsgeographische Regionen

sättigter unverfestigter Sand, der zunächst allen Bestrebungen, durch ihn hindurch einen Schacht niederzubringen, eine Grenze setzte, bis das Gefrierverfahren des Schachtabbaus angewandt wurde. Dabei werden rund um den geplanten Schacht Bohrlöcher mit Tiefkühlflüssigkeit gefüllt. Auf diese Weise wird der ganze Schachtbereich innerhalb der Fließsandzone tiefgefroren und standfest. Statt den Schacht im Fließsandbereich auszumauern, versieht man ihn mit Schachtsegmenten aus Stahl oder aus Gußeisen, den Tübbings (von tube, einer belgischen Erfindung). Es ist typisch für die Entwicklung des Ruhrbergbaus, daß vor allem in der zweiten Hälfte des 19. Jh. zahlreiche Techniker, Ingenieure und Finanzleute aus den damals fortschrittlicheren Kohlenbergbaugebieten Groß-Britanniens, Belgiens und Frankreichs maßgeblichen Anteil an der Entwicklung des Ruhrgebietes hatten. Sie waren, um einen modernen Ausdruck zu benutzen, Entwicklungshelfer für das damalige Revier. Besonders bekannt ist der Ire *Mulvany;* er war es auch, der erstmalig 1855 Tübbings im Ruhrgebiet verwandte. Die Zechen mit den irischen Namen Erin, Hibernia und Shamrock erinnern noch heute an ihn. An französische Pionierleistungen erinnert die Zeche Mont-Cenis.

Nach 1900 begann die Kohlenförderung am linken Niederrhein. Gleichzeitig erweiterte sie sich vor allem an den Flanken im Westen und im Osten, zwischen Unna und Hamm und über Hamm nach Norden hinaus. Nach dem II. Weltkrieg erfolgte eine energische Rationalisierung, d.h. vor allem eine Mechanisierung des Abbaus. Neue Schächte wurden nur noch am linken Niederrhein und nördlich der Lippe, bei Wulfen, niedergebracht. Damit erreichte das Revier als Kohlenbergbaugebiet seine heutige Ausdehnung.

Alle Zechen nördlich der Hellwegzone haben einige gemeinsame Kennzeichen (Fig. 15):

1. Es sind Groß-Schachtanlagen mit einer Beschäftigtenzahl bis zu 4 000, ja bis zu 6 000, und einer Förderung von 4 800 bis 16 000 t Kohle täglich.
2. Sie wurden alle in eine offene Agrarlandschaft hineingestellt, abseits der bereits bestehenden Bauerndörfer oder kleinen Städte.
3. Für jede Groß-Schachtanlage mußte eigens eine Siedlung gebaut werden, die einer Mittelstadt entspricht. Denn zu den Beschäftigten auf der Zeche und ihren Familien kommt die Mantelbevölkerung für die Versorgung dieser Menschen, also die öffentlichen und die privaten Dienste wie: Verwaltung, Ärzte, Schulen, Handwerk und Einzelhandel. Zur Gründerzeit der Bergbauzone an der Emscher kann man das Verhältnis Bergmann: andere Berufe etwa 1 : 0,4 rechnen, heute ist das Verhältnis 1 : 0,8. Das bedeutet: Bei 4 000 Grubenarbeitern waren früher rd. 1 600 und sind heute rd. 3 200 weitere Arbeitskräfte erforderlich. So entstanden innerhalb weniger Jahre große Bergmannsorte. Vor 130 Jahren hatte z.B. Gelsenkirchen rd. 650 Einwohner, heute 345 000. Heute gehört zu einer modernen Großschachtanlage, wie sie z.B. nördlich der Lippe bei Wulfen entsteht, die gleichzeitige Errichtung einer Stadt für rd. 40 000–50 000 Einwohner.
4. Alle diese neuen Orte waren ursprünglich reine Zechen-Orte. Alle anderen Industrien hatten nur untergeordnete Bedeutung.

Zwischen der südlichen Emscherzone mit den Städten Oberhausen, Gelsenkirchen, Wanne-Eickel, Herne und Castrop-Rauxel und der nördlichen Emscherzone, auch vestische Zone genannt, weil sie in Anlehnung an den Vestischen Landrücken entstand, mit den Städten bzw. heutigen Stadtteilen Oberhausen-Sterkrade, Gladbeck, Botrop, Gelsenkirchen-Buer, Herten, Recklinghausen und Oer-Erkenschwick bestehen beträchtliche Unterschiede.

In der *südlichen Emscherzone* herrschten Einwanderer aus dem Osten vor. Sie waren als ehemalige Landarbeiter wenig an Selbständigkeit gewöhnt, sondern durch den Gutsherrn und durch den Pfarrer weisungsgebunden gewesen. Sie neigten durch die Umstellung im Ruhrgebiet zur Entwurzelung. Träger der industriellen Entwicklung waren, besonders bei der Erschließung dieses Raumes, vielfach ausländische Unternehmer mit ausgeprägt kapitalistischem Denken, das sich von der liberal-kapitalistischen Denkweise der meisten Unternehmer der älteren Ruhrgebietszonen unterschied. Hektisch und planlos wurde ein traditionsloses Land erschlossen. Das Bauerntum ging dabei unter. Es entstanden unerfreuliche Städtebilder mit öden Straßenzeilen und einer engen Verschachtelung von Industrie- und Wohngebieten.

Die *nördliche Emscherzone* dagegen war eine Landschaft mit ländlicher und z.T. städtischer Tradition. Das warnende Beispiel im südlichen Emschergebiet vor Augen, bemühte man sich im Vestischen Raum, die agrare Grundstruktur zu erhalten, in die sich Großschachtanlagen mit dem Kranz sie umgebender moderner Zechenkolonien schwerpunktartig einbetteten. In der Bevölkerung blieb das westfälische Element bestimmend. Die Zuwanderer aus Ostpreußen und Schlesien, Böhmen, Steiermark, Slowenien und Holland entwurzelten nicht, sondern erhielten zunächst ihr Volkstum und glichen sich langsam den Einheimischen an, auch im Dialekt.

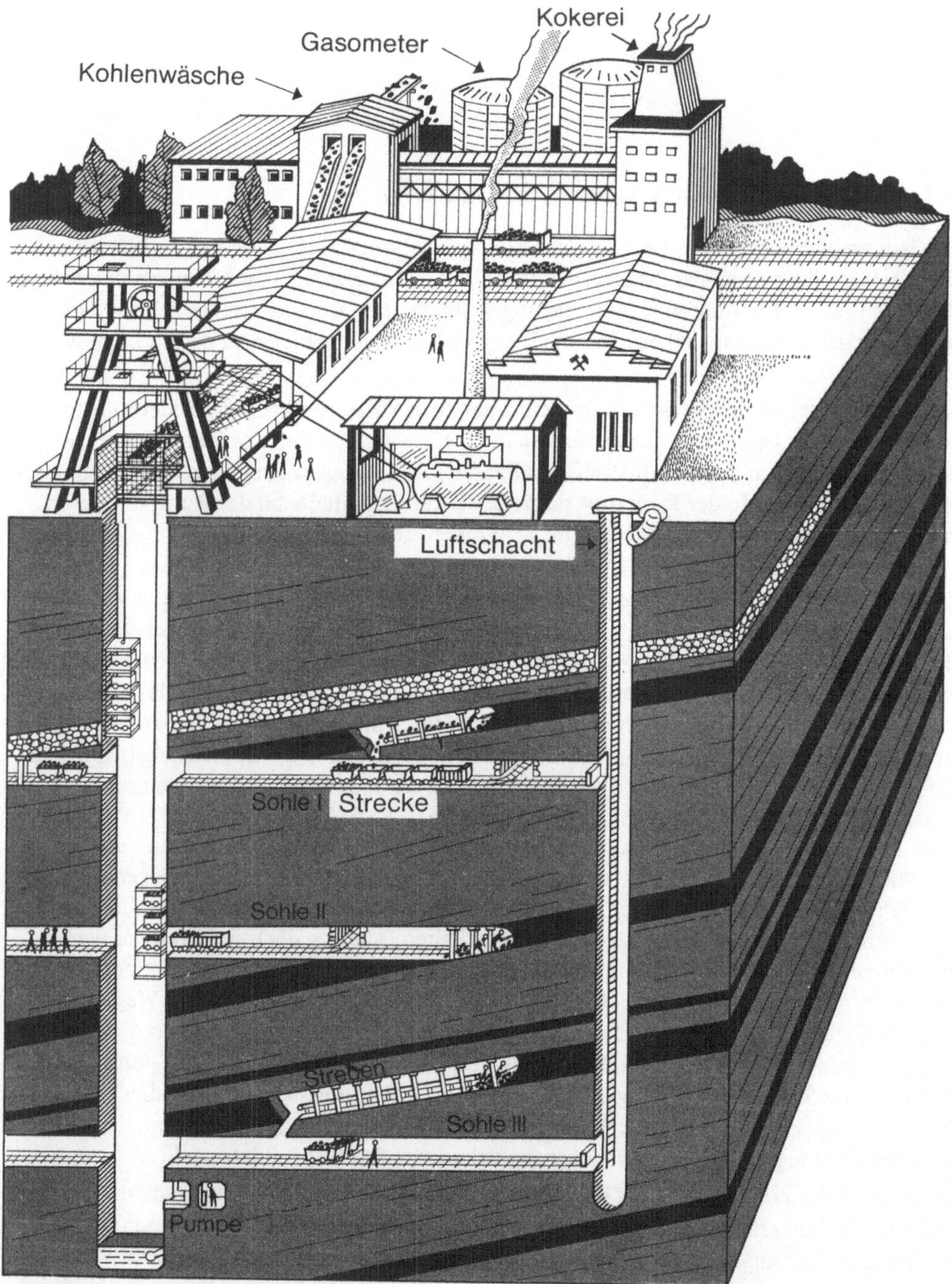

Fig. 15. Schematischer und vereinfachter Schnitt durch eine Kohlengrube. Die Kohlenschichten sind geneigt, aber sonst nicht gestört. Zwischen Sohle II und Sohle III liegt ein nicht abbauwürdiges Flöz. Die Wagen, welche aus der Halle zwischen Kohlenwaschanlage und Förderturm fahren, sind mit Abraum (Sandstein und Schieferton) beladen. Ein Teil dieses Materials wird als „Bergeversatz" in ausgekohlte Flöze gepackt (über Sohle I). Von der Kohlenwäsche wird die Kohle entweder zur Kokerei, in den Versand oder auf den Kohlenlagerplatz befördert

5. Die Siedlung

5.1. Das Revier als Ballungsraum, ein Überblick

Das Ruhrgebiet von heute ist ein polyzentrischer Siedlungsraum. Es hat sich nicht durch das Wachsen einer einzelnen beherrschenden Großstadt entwickelt, sondern durch die Ausdehnung und die fortwährende Vermehrung vieler Zentren der unterschiedlichsten Größe und historischen Vergangenheit. Das Siedlungsbild des Ruhrgebietes ist darum keineswegs einheitlich.

Das Ausgangsgebiet des Reviers an der Ruhr hat zwar keine bergbauliche Bedeutung mehr, ist aber dank der Eisen- und Stahlindustrie noch ein wichtiger Teil des Reviers, jedoch von dessen Kernzone durch ein industriefreies Band bewaldeter oder landwirtschaftlich genutzter Höhen getrennt. In der Ruhrzone dominieren kleinere Städte an der Ruhr, die durch eine aufgelockerte Siedlung miteinander verbunden sind.

Der historischen Städtereihe entlang dem Hellweg mit Duisburg, Mülheim, Essen, Bochum und Dortmund als Längsachse des Reviers stand die bäuerliche Siedlungslandschaft beiderseits der Emscher mit nur einem alten städtischen Kern, Recklinghausen, gegenüber. Die Hellwegstädte erhielten im Verlauf der industriellen Entwicklung ein Übergewicht dadurch, daß sich bei ihnen im Gefolge des Kohlenabbaus und der Verkokung Werke der eisen- und stahlschaffenden und -verarbeitenden und der weiteren auf der Kohle aufbauenden Industrie, vor allem die Kohlechemie, seßhaft machten. Viele dieser Werke entwickelten sich in der Folgezeit zu Großbetrieben. Sie lehnten sich an die räumlich geschlossenen mittelalterlichen Städte an und engten sie ein. Teils unmittelbar bei den Betrieben, teils entlang der alten Ausfallstraßen, teils in planloser Bebauung mitten in Feldern und Wiesen entstanden die Wohnungen für die Arbeiter. Da die Ausfallstraßen der alten Städte vorwiegend ostwestlich und nordsüdlich verliefen, waren diese Himmelsrichtungen die wesentlichsten Wachstumsspitzen der Hellwegstädte. Die bäuerlichen Dörfer südlich der Emscher waren in ihrem ersten Wachstum als Bergbauorte ebenfalls von Süden nach Norden orientiert, entsprechend dem Verlauf der hier vorherrschenden von S nach N führenden Wege, aber auch im Gefolge des von S nach N vorrückenden Bergbaus. So begegneten sich diese Wachstumsspitzen zwischen Hellweg und Emscher. Die Orte „wuchsen aneinander", und zwar stärker in der Süd-Nord-Richtung als in der West-Ost-Richtung, wo zwischen den einzelnen Städten breite, zumeist landwirtschaftlich genutzte Grünflächen zurückblieben, die heute das Gerüst des regionalen Grünflächensystems im Kern des Ruhrgebiets sind.

Diese nördliche Zone des Reviers ballte sich im Laufe der Zeit durch neue Industrieanlagen und neue Wohnviertel mehr und mehr. Die Verdichtung griff bei Recklinghausen, Gelsenkirchen und Bottrop über die Emscher hinaus. Es kam nur hier zu der Konzentration innerhalb des Reviers, die Ortsfremde oft im gesamten Ruhrgebiet erwarten. Kennzeichen dieser Ballung sind eine außerordentlich dichte Bebauung mit drei- bis fünfgeschossigen Häuserblocks, gelegentlich mit Hinterhofbebauung und mit einer Bevölkerungsdichte, die bis zu 900 Einwohner je ha beträgt. In den älteren Wohnvierteln sind Wohn- und Industrieflächen stellenweise eng verzahnt. Werksbahnen und Rohrleitungen durchziehen sie.

Die öffentlichen Verkehrsnetze von Straßen, Eisenbahnen, Kanälen und Straßenbahnen nehmen neben den bebauten Flächen einen beträchtlichen Raum ein. Die neueren Arbeiterwohngebiete, die Kolonien, und die vor allem nach dem II. Weltkrieg errichteten offenen Wohnsiedlungsbereiche lockern auch den Ballungsraum auf. Insgesamt ist im Kerngebiet des Reviers die überbaute Fläche seit der Jahrhundertwende um das Dreieinhalbfache gewachsen. Sie beträgt heute in der Summe der Gebäude, befestigten Plätze und Straßen und Eisenbahnlinien durchschnittlich 20 % der Stadtareale, in kleinräumigen Städten wie Wanne-Eickel sogar 63 % (bei 4595 E/km^2). Die Stadtkerne entwickelten sich zur City. Aber stets trennen weniger bebaute Grünzonen die einzelnen Städte voneinander. Sie werden örtlich ergänzt durch städtische Parkanlagen, Reste der ehemals weit verbreiteten forstlichen und landwirtschaftlichen Nutzflächen, Sportanlagen oder die Zehntausende von Dauerkleingärten (Schreber-Gärten). Sie fungieren wie die Friedhöfe als „grüne Lungen", gliedern die städtischen Wohn- und Industrieflächen und nehmen ihnen die Trostlosigkeit der Nur-Industriestadt-Landschaft (Fig. 16).

Dieses Kerngebiet, das von der Ruhr im Süden bis zu der Städtereihe nördlich der Emscher im Norden, von den Städten rechts des Niederrheins im Westen bis Dortmund im Osten reicht, nimmt 72 % des Verbandsgebiets des Siedlungsverbandes Ruhrkohlenbezirk von insgesamt 4593 km^2 ein; es zählt 3,9 von insgesamt 5,6 Mio Einwohnern und hat eine Bevölkerungsdichte von 2744 Einwohnern je km^2. Von seinen 18 Städten haben elf mehr als 100 000 Einwohner, darunter zwei mehr als 500 000 Einwohner (Essen und Dortmund). Das Gesamtgebiet des Ruhrsiedlungsverbandes hat eine Einwohnerdichte von 1222 Einwohner je km^2, der Süden 951 und die Randgebiete im Norden, Westen und Osten 438 (Berechnung nach dem Stand vom 30.6.71).

Die Städte Duisburg, Essen, Bochum und Dortmund haben sich zu vorrangigen *zentralen Orten* für Versorgung und Dienstleistungen entwickelt. Sie gehören der alten Städtereihe am Hellweg an. Die Hellwegzone ist hinsichtlich der Zentralität also entscheidend. Aber nicht das Wachstum dieser Städte bestimmte die räumliche Entwicklung des Reviers, sondern die Kohle. Sie erzwang die Entstehung neuer lokaler Zentren, zunächst ohne das gewohnte Bild eines cityartigen Stadtmittelpunktes; das entwickelte sich erst später. Ausgangspunkt war die Zeche und das, was den Bedarf des Bergmanns deckte. Die Verkehrsverflechtung dieser neuen Siedlungszellen war anfangs ganz schlecht. So entstanden neben den zentralen Orten höherer Ordnung zentrale Orte mittleren Ranges: Hamm an der Ostflanke, Moers an der Westflanke, Wesel und Geldern im noch ländlichen Teil der Westflanke, Witten in der Ruhrzone, Wattenscheid in der Hellwegzone, Lünen in der Lippezone und Oberhausen, Gladbeck, Bottrop, Wanne-Eickel und Castrop-Rauxel im Bereich der südlichen bzw. nördlichen Emscherzone. Recklinghausen, Gelsenkirchen und Mülheim nehmen eine Zwischenstellung ein. Hagen mit hoher zentralörtlicher Stellung gehört zwar zum Bereich des Siedlungsverbandes Ruhrkohlenbezirk, aber nicht zum Kohlenabbaugebiet des Reviers.

5.2. Der Bergarbeiterort

Der Bergbau ist standortgebunden. Die Lage des Grubenfeldes und seine geologischen Verhältnisse bestimmen die Stelle der Schachtanlage. Das wirkte sich entscheidend auf

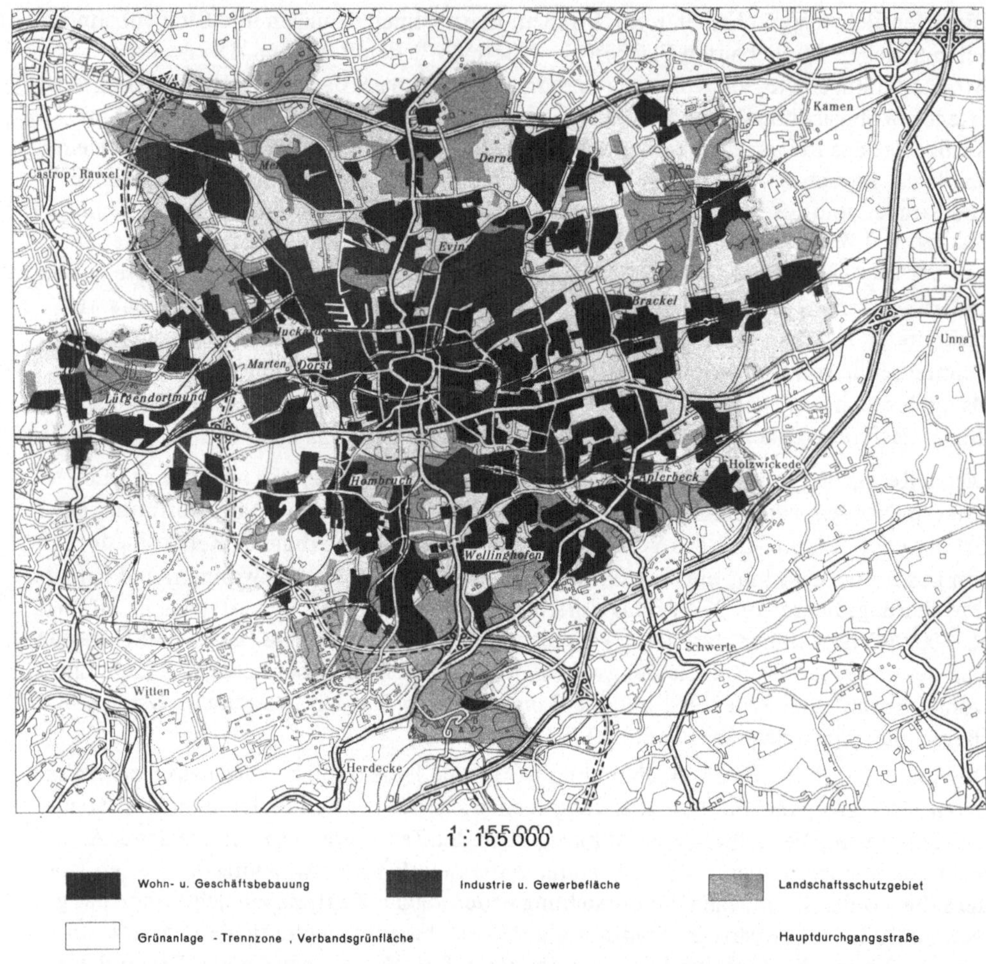

Wohn- u. Geschäftsbebauung | Industrie u. Gewerbefläche | Landschaftsschutzgebiet

Grünanlage - Trennzone , Verbandsgrünfläche | Hauptdurchgangsstraße

Fig. 16. Nutzflächenverteilung in Dortmund (letzte Kartierung 1964). In den Grünflächen sind noch bedeutende landwirtschaftliche Nutzflächen enthalten, etwa 40 % des Gesamtareals der Stadt von 272 km²

das Siedlungsbild aus, vor allem in der Emscherzone. In der „planlosen Stadt" sind nicht städtebauliche Gesichtspunkte, sondern die topographische Lage des Schachtes bestimmend; die Zeche wird zum Siedlungskern.

Auf die Abteufung und Inbetriebnahme einer Schachtanlage in einer Landgemeinde folgt innerhalb weniger Jahre eine Vervielfachung der Bevölkerung. Für die zuziehenden Arbeiter mußten Wohnungen gebaut werden. Soweit die Zeche diese Wohnungen errichtete, erbaute sie sie in der Form geschlossener Zechenkolonien auf werkseigenem Boden abseits des alten Dorfes. Neben das bäuerlich-kleingewerbliche Dorf und neben die in der Feldmark verstreuten Bauernhöfe trat nun eine neue, in sich abgeschlossene Welt mit eigenem

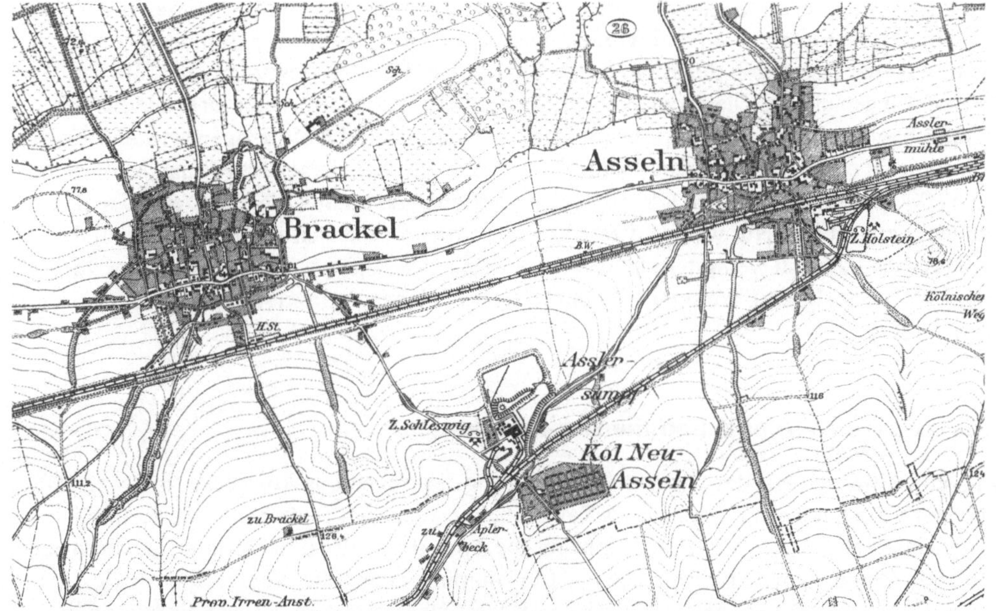

Fig. 17. Der Bergbau und die bäuerliche Landschaft am Hellweg 1894. Brackel und Asseln sind zwei alte Haufendörfer am Hellweg. Sie sind später nach Dortmund eingemeindet worden. In den Jahren 1850 bzw. 1859 entstanden die Zechen Holstein und Schleswig. Von Asseln aus ist die Besiedlung auf die Zeche Holstein hin gewachsen. Von Brackel aus deutet sich der Beginn einer Bebauung auf die Zeche Schleswig zu entlang eines Verbindungsweges an. Die Zechenkolonie Neu-Asseln ist in gleicher Weise durch ihren streng rechtwinkligen Grundriß wie durch die beträchtlichen Flächen der Hausgärten gekennzeichnet. Diese Kolonie ist noch heute bewohnt, obschon die Zechen längst verschwunden sind

Arbeitsrhythmus, mit eigener Lebensauffassung und eigener Freizeitgestaltung. Lag die neue Kolonie verkehrsgünstig zu einer Nachbarstadt mit starkem zentralen Charakter, insbesondere hinsichtlich der Einkaufs- und Vergnügungsmöglichkeiten, änderte sich für das alte Dorf kaum etwas. Fehlte diese verkehrsgünstige Lage, so entwickelte sich im alten Dorfkern und insbesondere entlang der Straße zur neuen Zechenkolonie und unmittelbar neben ihr ein neues gewerbliches Zentrum für den täglichen und kurzfristigen Bedarf, für kirchliche, schulische und ärztliche Versorgung (Fig. 17).

So entstanden bis in unsere Jahre hinein überall im Revier Agglomerationen von Industriewerken und Wohnsiedlungen, deren Bevölkerungszahl an die statistische Großstadtgrenze (= 100 000 Einwohner) heranreicht, denen aber Bild, Struktur und Funktion einer Großstadt fehlen. Das galt bis ca. 1960 sogar noch für eine Stadt wie Gelsenkirchen (1961: 382 000 Einwohner) und gilt jetzt noch für Städte wie Marl-Hüls (77 000 Einwohner), Castrop-Rauxel (83 000 Einwohner) und andere. Es sind typische semi-urbane Arbeitersiedlungen. Großstadtgemäße Stadtzentren wurden bzw. werden erst in den 60er Jahren gebaut oder geplant. Arbeitersiedlungen sind auch die meisten Vororte der großen Ruhrgebietsstädte Duisburg, Essen, Bochum, Dortmund. Ehemals zumeist nur bäuerliche Dörfer mit kleingewerblichen Kernen, wuchsen sie nach der Abteufung von Zechen rasch zu volkreichen Arbeiterorten heran und wurden, besonders von 1905 ab, aus Gründen der Verwaltungsvereinfachung in die alten, inzwischen zu Großstädten gewordenen Städte am Hellweg eingemeindet. Diese Eingemeindung hat bei den meisten dieser Orte alle Bestrebungen beendet, eigene Zentren für Einkauf, Verwaltung und Kultur zu entwickeln. Sie behielten als nunmehr städtische Vororte ihren Charakter als Arbeitersiedlung, auch wenn sie 40 000 Einwohner zählen. Die urbanen Funktionen übernahm die alte Stadt, der sie nunmehr zugehören. Nur wenige dieser Vororte entwickelten sich zu Sub-Zentren und schufen sich dadurch wenigstens eine gewisse Eigenständigkeit, wie z.B. Hamborn (Duisburg), Borbeck (Essen), Weitmar (Bochum), Hörde, Mengede, Hombruch, Aplerbeck (Dortmund).

5.3. Die Werkskolonie und die Werkssiedlung

In unmittelbarer Regie der Großunternehmen angelegte Siedlungskomplexe sind soziologisch eine für den ganzen Bereich des Reviers außerordentlich typische Sonderform. Sie waren das zugkräftigste Mittel nicht nur für die Anwerbung der Beschäftigten, sondern auch für deren Bindung an eine Firma. An der Eindämmung einer allzu starken Fluktuation der Arbeitskräfte besteht ein akutes betriebswirtschaftliches Interesse. Diese Fluktuation betrug z. B. 1900 auf den Zechen des Ruhrgebiets im Durchschnitt 120 % der Gesamtbelegschaft, dagegen nur 7,5 % aller Bewohner von Werkssiedlungen. Darum hatten z. B. 1873 bereits 69 von 278 Zechen Wohnungen für ihre Beschäftigten errichtet, insgesamt 1 550 Häuser mit 5 930 Wohnungseinheiten.

Bauweise und Größe sind ein Spiegelbild der Zeit, in der sie errichtet wurden. Hinsichtlich der Hausgärten und Ställe zeigen sie eine Anpassung an die Bedürfnisse der zumeist aus ländlichen Bezirken stammenden Arbeiter. Diese Siedlungsform ist übrigens keineswegs auf den Bergarbeiter mit den „Zechenkolonien" begrenzt; auch die anderen Industriezweige errichteten solche Werkskolonien. „Kolonie" ist ursprünglich eine besitzrechtliche Bezeichnung für die Arbeiterwohnsiedlungen eines Betriebes, die im Grundriß geschlossen, im Aufriß und in der sozialen Struktur gleichförmig sind. Der Begriff „Kolonie" ging als Sonderform für einen solchen Siedlungstyp in die Siedlungsgeographie ein, obschon die besitzrechtlichen wie die sozialen Verhältnisse sich in manchen Fällen inzwischen durch Privatisierung geändert haben mögen.

Kolonien konnten erst von dem Zeitpunkt ab errichtet werden, als nach den großen Anfangsschwierigkeiten mit erheblichen finanziellen Verlusten die ersten Gewinne erzielt wurden, etwa ab 1860. Nach Grundriß und Aufriß haben sich vier Haupttypen von Kolonien entwickelt:

1. Der Grundtyp ist das ein- bis anderthalbgeschossige langgestreckte Haus (im Volksmund D-Zug genannt), das eine Länge von 100–200 m hat und in sich abgeschlossene Kleinwohnungen mit separaten Eingängen aufweist (Fig. 18 und 19). Für jede dieser Kolonien bestand nur eine Wasserstelle; die Kanalisation verlief oberirdisch zwischen den mit den Rückseiten gegenüberstehenden Häuserzeilen. Gärten und Grünflächen waren nicht vorhanden.

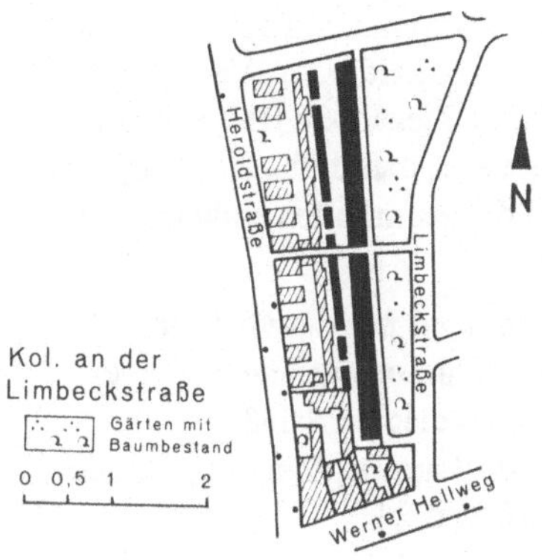

Fig. 18
Kolonie des ältesten Types einer Grubenarbeiter-siedlung

Fig. 19
Photo der Grubenarbeiter-kolonie in Bochum-Werne (Fig. 18). Es wurde von Norden durch die Häuser-reihen hindurch aufge-nommen

2. Die nächste Entwicklungsstufe der Kolonie waren ein- bis anderthalbgeschossige Doppelhäuser in ein- oder beidseitiger Reihung entlang einer Straße. Der Beginn dieser Phase fällt zusammen mit der stärkeren Zuwanderung von Arbeitern aus ländlichen Gebieten, insbesondere aus Ostdeutschland, d. h. etwa ab 1880. Um deren Bedürfnissen Rechnung zu tragen, wurden diese Häuser von großen Gärten umgeben und für jede Familie ein Kleinviehstall errichtet. Gehalten wurden Ziegen, Schweine, Hühner und Kaninchen. Die Erträge von Garten und Kleinviehhaltung leisteten einen wertvollen Beitrag zur Ernährung der Familie, insbesondere in Krisenzeiten. Darüber hinaus galten Gartenarbeit und Kleinviehhaltung für die zumeist nachgeborenen Bauernsöhne und ehemali-

gen Landarbeiter als beliebte Ausgleichsbeschäftigung. So besaßen z. B. nach einer Zählung vom Jahre 1893 die 16 060 Bergleute, welche Gärten und Felder zur Verfügung hatten, zusammen 524 Pferde, 8 210 Stück Rindvieh, 31 221 Ziegen, 38 017 Schweine und 885 Schafe. Der Hinweis auf Pferde und Rindvieh beweist, daß in die Zählung auch die damals noch zahlreichen Bergmannskötter beiderseits des Ruhrlaufes einbegriffen waren.

3. In der weiteren Entwicklung änderte sich zunächst entscheidend nur der Grundriß, während der Aufriß im wesentlichen gleichblieb. Statt der Reihung entlang nur einer Straße erfolgte sie nunmehr entlang eines schachbrettartig angelegten Straßensystems ohne Anpassung an das Relief. Dadurch ergab sich trotz der Baumbepflanzung und der großen Hausgärten ein eintönig schematisches Bild (Fig. 20 und 21).

Fig. 20
Kolonie Deutsches Reich in Bochum-Werne. Die anderthalbgeschossigen Häuser sind alle von Gärten umgeben. Die Gesamtanlage ist rechtwinklig

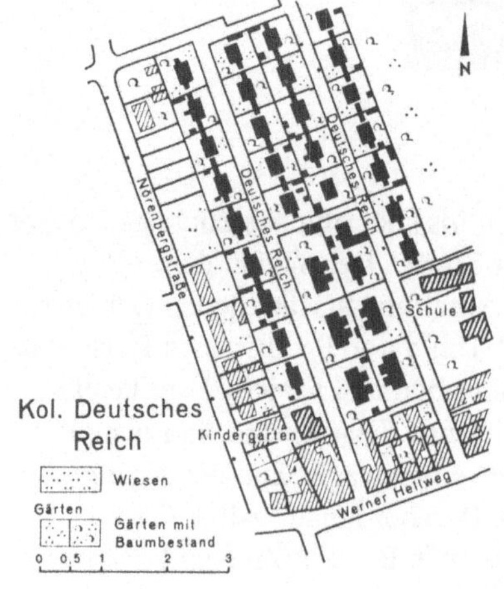

Fig. 21
Plan der Siedlung Deutsches Reich in Bochum-Werne

Kennzeichnend für die bisherigen Kolonietypen ist es, daß die Geschäfte selbst für den täglichen Bedarf an der Nahtstelle zwischen Kolonie und ursprünglicher Besiedlung lagen.

4. Um die Eintönigkeit und nüchterne Zweckmäßigkeit der bisherigen Kolonien zu vermeiden, gingen modern eingestellte Unternehmer, vor allem Krupp, von 1905 ab dazu über, Gartenkolonien im Stile der englischen Gartenstadt-Bewegung errichten zu lassen (Fig. 22 und 23). Beispiele dafür sind Essen-Margaretenhöhe, die Kolonie Dahlhauser Heide in Bochum-Hordel (errichtet 1906–1915) und die gleichzeitig errichteten Kolonien in Rheinhausen und Datteln. Bei ihrer Anlage berücksichtigte man die Gegebenheiten des Geländes. Der Straßengrundriß paßt sich dem Relief an; Wald- bzw. Baumbestände sowie Wasserflächen wurden, soweit wie möglich, der Gesamtanlage einge-

Fig. 22. Plan der Kolonie Dahlhauser Heide in Bochum-Hordel

Fig. 23
Kolonie Dahlhauser Heide in Bochum-Hordel

gliedert. Um die Eintönigkeit im Aufriß zu vermeiden, verwandte man verschiedene Haustypen, bei denen auch auf die äußere Schönheit Wert gelegt wurde und deren Anordnung zur Straße abwechselnd trauf- und giebelständig erfolgte. Die Wohnungen sind geräumig und mit allen sanitären Einrichtungen zeitgemäß ausgestattet. Sie liegen eingebettet in große Hausgärten, die Kolonie als Ganzes gruppiert sich um eine Parkanlage. Die Wege, abgesehen von einer Zufahrtsstraße, dienen lediglich dem Anliegerverkehr und sind baumbestanden. Auch bei diesem Kolonietyp sind Garten- und Kleinviehhaltung vorgesehen. Im Gegensatz zu den bisherigen Kolonietypen sind diesem zur Deckung des täglichen Bedarfs Geschäfte (Werks-Konsum) ebenso angeschlossen wie kleine Kirchen, ein Kindergarten, eine Volksschule und ein Postamt.

Die Kolonien, abgesehen vom ersten Typ, stehen in erfreulichem Gegensatz zu den zu gleicher Zeit von privaten Spekulanten in großer Zahl errichteten, anfänglich 2–3, später 4–5 geschossigen Mietshäusern mit ihrer Häufung von teuren Kleinstwohnungen.

So bestanden 1895 5 % der Arbeiterwohnungen des Ruhrgebiets aus nur einem Raum, 57 % aus Küche und Schlafzimmer; 69,2 % werden als übervölkert, 21,2 % als hochgradig übervölkert bezeichnet. Demgegenüber wiesen die Koloniewohnungen neben der Küche zwei bis drei weitere Räume auf, und der monatliche Mietzins belief sich durchschnittlich auf den Lohn von etwa drei Arbeitstagen. Wenigstens einer der drei Räume wurde allerdings in der Regel weitervermietet.

Die Bedeutung der Kolonie als Arbeiterwohnstätte und ihr Anteil an der Gesamtzahl der Wohnungen wächst mit dem Vorrücken von Bergbau und Industrie über die Hellwegzone hinaus nach Norden. Da diese Industrialisierung später erfolgte als in den südlichen Zonen, auf dem Vestischen Landrücken nördlich der Emscher und an der Lippe entscheidend erst nach 1900, entstanden hier besonders gepflegte Kolonien.

1900 verfügte der Bergbau über 26 245, 1907 über 52 899 und 1914 über 94 027 Wohnungseinheiten. Waren 1873 16 % der Bergarbeiterfamilien in Werkswohnungen untergebracht und 1893 bei stark gestiegenen Belegschaftszahlen 12 %, so betrug ihr Anteil 1901 21 %. 1971 verwaltete die Ruhrkohle rd. 254 000 Wohnungen.

Das Wohlergehen in den Kolonien hängt völlig vom zugehörigen Betrieb ab. Dadurch bilden die Bewohner eine Schicksalsgemeinschaft. Das zeigt sich besonders bei Betriebsunfällen. Eine Kolonie mit ihrem geschlossenen sozialen Gefüge steht noch viele Jahre nach ihrer Errichtung abseits der Gemeinschaft der Alteingesessenen der Gemeinde. Sie hat sowohl ihre eigenen beruflichen, als auch ihre eigenen soziologischen Bindungen. Hierzu gehören die gewerkschaftlichen Bindungen und berufsständischen Vereine, z. B. die Knappenvereine. Die landsmannschaftliche Zusammengehörigkeit wurde insbesondere auch in kulturellen und gesellschaftlichen Veranstaltungen gepflegt. Die Erinnerung an die Herkunft fand Ausdruck in Vereinen der Rheinländer, Schlesier, Ostpreußen, Waldenburger usw. Besonders aktiv, auch volkstumspolitisch, waren bis etwa 1925 die Nationalpolen, die z. B. 1913 in 1 177 polnischen Vereinen zusammengefaßt waren.

Zum Eigenleben der Kolonie gehört auch die Gestaltung der Freizeit. Der Brieftaubensport ist in Deutschland nirgendwo so stark verbreitet wie im Ruhrgebiet, besonders in den Kolonien. Die Kleintierhalter in den Kolonietypen mit großen Hausgärten fanden sich in Zuchtvereinen zusammen.

Die Verbindung mit der außerberuflichen Umwelt erfolgte über Schule, Kirche und Einkauf.

Nach 1918 ging der Werkswohnungsbau zurück, Arbeits- und Mietverhältnis sollten nicht mehr länger miteinander verquickt werden. Der Wohnungsbau für Bergleute wurde 1920 besonderen Treuhandstellen übertragen, die dem Wohnungsinhaber nicht mehr die Bindung an eine bestimmte Zeche, sondern lediglich an den Bergmannsberuf auferlegten. Neben diese Treuhandstellen traten gemeinnützige Wohnungsbaugesellschaften zur Förderung des Eigenheim- und Mietwohnungsbaues.

So entstanden bis 1945 insgesamt 311 363 Bergarbeiterwohnungen, von denen im II. Weltkrieg durch Bomben 237 492 zerstört oder schwer beschädigt wurden. Beim Wiederaufbau nach dem Krieg ist die Tendenz zum Eigenheim besonders bemerkenswert. 1951 waren rd. 10 %, 1955 rd. 55 % aller Bergarbeiterwohnungen Eigenheime. Auch jetzt entstanden relativ geschlossenen Siedlungskomplexe, jedoch ohne die rechtlichen, sozialen und soziologischen Kennzeichen der Kolonien. Auch der Grundriß hat sich weitgehend geändert. Die Gärten sind bei den Miethäusern fortgefallen. An ihre Stelle traten gemeinsame Grünflächen, Kinderspielplätze und als Zubehör zur Einzelwohnung Loggien und Balkone (Fig. 24 und 25).

Die älteren Kolonien mit Stall, Hausgarten und Pachtland sind Ausdruck der ländlichen Abstammung ihrer Bewohner. Die neuen Bergmannssiedlungen kennzeichnen diese Bindungen nicht mehr. In gleichem Maße treten die früher typischen berufsständischen und landsmannschaftlichen Vereinsbindungen zurück gegenüber einer individuelleren Freizeitgestaltung. Geschlossenheit und Abwehrhaltung gegenüber der übrigen Bevölkerung ist in den neuen Siedlungen nicht mehr so deutlich. Die typische Bergmannskolonie als Exklave der Stadt oder des Dorfes ist überwunden. Die neue Bergmannswohnung ist Ausdruck einer allgemeinen Integration des Bergmanns in das Sozialgefüge. Die neue Wohnform wird vor allem von jüngeren Bergleuten bevorzugt. So ist nach dem II. Weltkrieg folgende

Fig. 24. Die Werkssiedlung Kleinholthausen. Sie wurde für Arbeiter und Angestellte der Firma Hoesch in Dortmund errichtet. Die mit Birken bestandenen „Berge" im rechten Bildhintergrund sind Abraumhalden einer stillgelegten Zeche

Tendenz hinsichtlich des Bergmanns- bzw. Werkswohnungsbaues allgemein festzustellen: Von der Kolonie zur urbanen Siedlung unter starker Betonung des Eigenheimes bei gleichzeitig zunehmender soziologischer Differenzierung und abnehmender Berufs- und Firmengebundenheit der Bewohner.

Noch finden sich im Siedlungsbild des Ruhrgebietes ausgedehnte Komplexe der alten Kolonien. Im Gefolge der Zechenstillegungen seit 1958 gingen viele davon in Privatbesitz über und sind im Aufriß nun einer individuellen Umwandlung unterworfen: Verschönerungen und kleine Umbauten beseitigen das einheitliche Bild, die früheren Stallgebäude werden zu Badezimmern oder Garagen umgebaut, die Nutzgärten zu Ziergärten oder Rasenflächen umgewandelt. Die noch in Zechenbesitz befindlichen Kolonien verloren nach Stillegung der zugehörigen Schachtanlage die aktiven Bergleute unter ihren Bewohnern. Solche Kolonien sind heute ein bevorzugtes Wohngebiet für Bergmanns-Witwen und Bergbau-Rentner. Ihr Anteil beträgt 1971 37 % von 254 000 Bergbauwohnungen.

5.4. Die „Schlafstadt"

Die neueste Form der geschlossenen Wohnsiedlung innerhalb des Reviers ist die Schlafstadt. Ihre rasche Verbreitung wurde in gleicher Weise gefördert durch die Zerstörungen des II. Weltkrieges, den Mangel an Wohnraum für die zahlreichen Ausgebombten und für

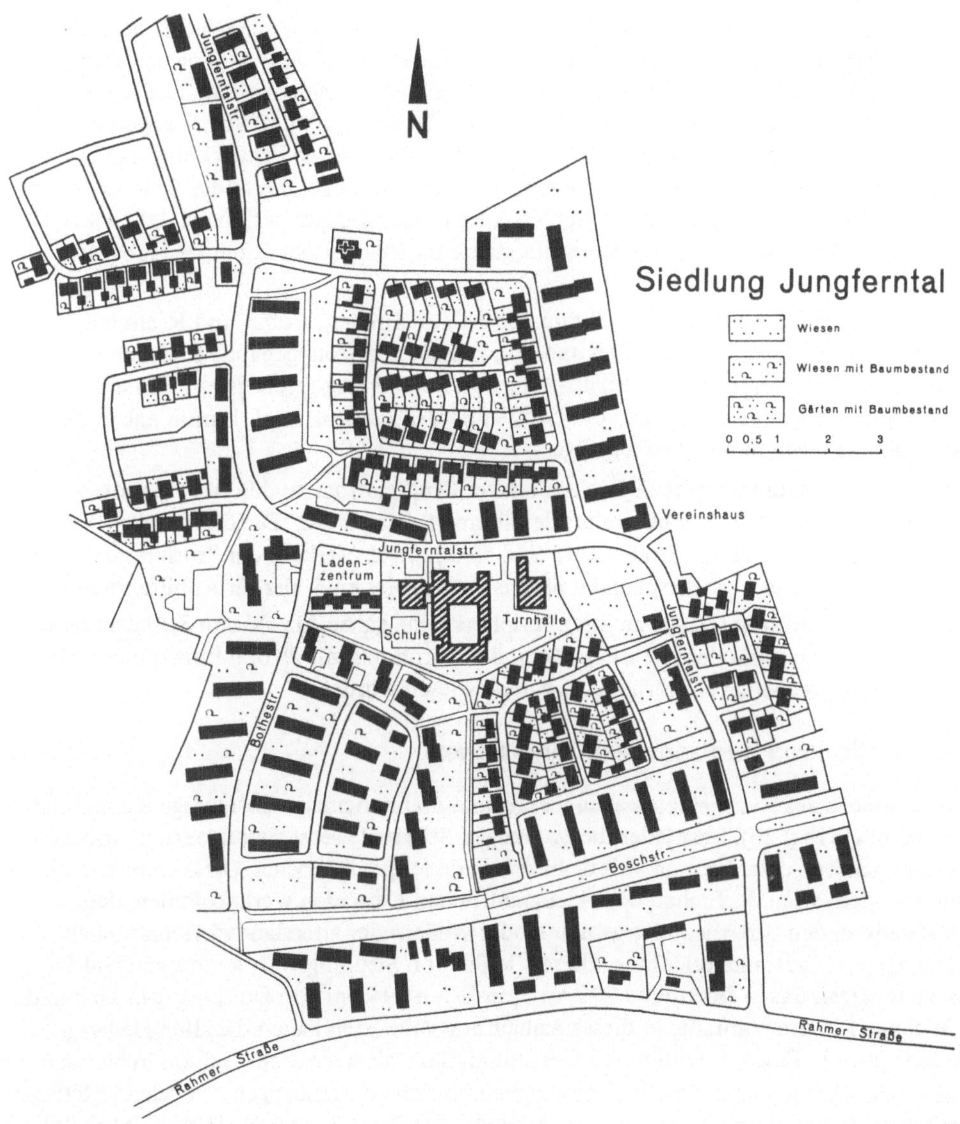

Fig. 25. Die Siedlung Jungferntal in Dortmund-Rahm

die Flüchtlinge aus dem deutschen Osten, ferner durch die allgemeine Verbreitung des Autos als Volksverkehrsmittel und das Bestreben, den engen, oft lärmerfüllten Arbeitsplatz durch eine Wohnung im Grünen zu kompensieren. Die Behörden förderten diese Entwicklung, weil sie die einzige Möglichkeit bot, die Zersiedlung der im Ruhrgebiet noch vorhandenen Grünflächen zu verhindern und dennoch dem Wunsche der Bevölkerung, außerhalb der Enge der Stadt zu wohnen, gerecht zu werden.

Die Vorbilder für diese Schlafstädte kamen aus dem Ausland, vor allem aus Schweden. Wie dort, haben sie auch im Ruhrgebiet nur eine Funktion: Eine Wohnung zu bieten abseits von Lärm und Industrierauch. Sie sind frei von industriellen Anlagen und weisen nur diejenigen kleingewerblichen Betriebe auf, welche der täglichen und kurzfristigen Bedarfsdeckung dienen. Allerdings geht auch im Ruhrgebiet die neueste Entwicklung dahin, den Schlafstädten Gewerbeflächen anzugliedern für solche Betriebe, die weder Schmutz noch Lärm erzeugen. Sie sollen die in den Schlafstädten brachliegende weibliche Arbeitskraft nutzen. Damit befinden sich manche Schlafstädte im Übergangsstadium zu Trabantenstädten.

Die öffentlichen Einrichtungen beschränken sich auf Kirchen, Volks- und Realschulen, Kindergärten, Postanstalten, Banken und Sparkassen. Die Wohngebäude bestehen aus vielgeschossigen Punkthäusern, Einzelhaus-Bungalows und wenig-geschossigen Reihenhäusern. Die Wohnungen weisen alle Stufen der Größe und des Komforts auf. Darum haben die Schlafstädte ein gemischtes Sozialgefüge.

Aus diesen Schlafstädten geht täglich ein starker Pendlerstrom zu den Arbeitsstätten. Dabei zeigt sich der Nachteil besonders der älteren Schlafstädte: Die öffentlichen Verkehrseinrichtungen und das Straßennetz sind diesem Stoß-Verkehr der "rush-hours" nicht gewachsen. Die neue Verkehrsplanung für das Ruhrgebiet muß hier für Abhilfe sorgen.

Jede Stadt im Revier hat heute an ihrer Peripherie eine ganze Anzahl von Schlafstädten. Die volkreichste und modernste ist Dortmund-Scharnhorst mit 28 000 Einwohnern. Hier sind auch entsprechende Gewerbeflächen ausgewiesen worden.

5.5. Die City und ihre zentralen Funktionen

Manche Städte des Ruhrgebiets haben vierzig und mehr ehemals selbständige Kommunen eingemeindet (Fig. 26). Fast jeder dieser jetzigen Stadtteile setzt sich seinerseits wieder aus einer ganzen Anzahl von in sich mehr oder minder geschlossenen Ortskomplexen zusammen: dem alten dörflichen oder kleinstädtischen Kern, den Werkskolonien, den Schlafstädten, den Streusiedlungsgebieten oder Weilern der alten landwirtschaftlichen oder jüngeren Stadtrandbesiedlung. Diese Vielfalt von Siedlungen ist kennzeichnend für das weite Areal, das in Dortmund 272 km^2, in Essen 194 km^2, in Duisburg 143 km^2 und in Bochum 121 km^2 umfaßt. In dieser Anhäufung von Orten haben die alten Hellwegstädte Duisburg, Essen, Bochum und Dortmund, dazu als neue Stadt Gelsenkirchen und in gewissem Umfang auch das alte Recklinghausen sich zu vorrangigen zentralen Orten entwickelt. Dabei wurde jeweils aus der Altstadt eine City. Es sind die Mittelpunkte der Großstädte, die nur wenig Wohnbevölkerung aufweisen. Auf engem Raum drängen sich Warenhäuser, Großkaufhäuser, Spezialgeschäfte, Banken, Versicherungen, lokale und regionale Verwaltungen von Staat und Wirtschaft sowie Theater, Museen, Vergnügungsstätten. In ihrer Nähe liegen die alten und zum Teil berühmten Kliniken, wie in Bochum z. B. das Unfallkrankenhaus „Bergmannsheil", während die neueren Kliniken und großen Sportanlagen genauso wie die meisten neuen Gymnasien, Ingenieurakademien und Fachhochschulen, Pädagogischen Hochschulen und Universitäten (in Bochum und Dortmund) in Parkbereichen der Außenbezirke errichtet wurden und damit zwar zur Zentralität der jeweiligen Städte beitragen, aber nichts mehr mit deren City zu tun haben.

Fig. 26. Die City von Dortmund. Die Ringstraße wurde im Zuge des mittelalterlichen Festungsringes angelegt. Der Hauptbahnhof liegt nordwestlich des Stadtzentrums. Von West nach Ost verläuft mitten durch die Stadt die alte Handels- und Heerstraße Hellweg

Die City ist innerhalb der Städte der wichtigste Arbeitsort für Beschäftigte des tertiären Wirtschaftssektors (Handel, Geld- und Versicherungswesen, Verwaltung), während der Stadtrand und die Vorstädte die wichtigsten Standorte für die Beschäftigten in den übrigen Wirtschaftsabteilungen des tertiären und des sekundären Sektors sind.

Die Bedeutung der City wird besonders augenfällig am Samstag, wenn Hunderttausende von Menschen aus den Vororten und aus der weiteren Umgebung, in manchen Fällen aus Entfernungen bis 100 km, in die Innenstädte strömen. Dann scheint es, als ob die Funktion der Citys vor allem darin bestände, Einkaufszentren besonders des nicht alltäglichen Bedarfs z.B. an Kleidung, Möbeln, Haushaltsgeräten und für die Angebote der Juweliere, Pelz- und Teppichgeschäfte zu sein. Im Gegensatz zu dem Warenangebot in den fast 90 Jahren vor dem II. Weltkrieg zeigt sich in den letzten 25 Jahren ein bemerkenswerter Qualitätsanstieg auch bei Massenkonsumgütern. Das ist ein Ergebnis der günstigen Wirtschaftslage, die das Revier in solcher Zeitdauer noch nie erlebt hat, ungeachtet der Strukturkrise von 1966 und 1967. Dieser auffällige Masseneinkaufsbetrieb darf aber nicht darüber hinwegtäuschen, daß die unauffälligeren Großbanken und Verwaltungszentren der Konzerne die Motoren der Wirtschaft sind.

Die hektische Betriebsamkeit erklärt sich aus der großen Konzentration von Menschen und Kaufkraft. Keine Stadt des Reviers besitzt eine überregionale Bedeutung wie etwa Düsseldorf oder Frankfurt. Am ehesten erreicht Essen einen solchen Rang. Dortmund und andere Städte mögen ihn anstreben. Das äußert sich nicht nur in einer repräsentativen baulichen Gestaltung mit Hochhäusern, beherrschenden breiten Einkaufsstraßen und imponierenden Plätzen, sondern ebenso im abendlichen und nächtlichen Bildungs- und Vergnügungsangebot. In den Metropolen des Reviers ist die City nachts fast ausgestorben, sobald die Theater und Kinos geschlossen haben. Die Metropolen des Reviers sind Städte nüchterner Arbeit, nicht der kulturellen Tradition.

Die Zugkraft der einzelnen Citys für Einkauf und Vergnügen hängt maßgeblich von der Leistungsfähigkeit der Nahverkehrsverbindung ab (Fig. 27). Diese Verbindungen sind noch nicht überall im Revier so entwickelt, wie es notwendig wäre. Die Kapazität mancher Citys hat im Hinblick auf den individuellen Fahrzeugverkehr ihre Grenzen erreicht.

Fig. 27. Die Dortmunder Westfalenhalle mit Stadion Rote Erde und dem Ruhrschnellweg

Deshalb entwickeln sich in gut zugänglichen Vororten und zwischen den Städten sehr leistungsfähige neue Zentren, die lediglich dem Einkauf dienen. Sie zeigen ein außerordentlich vielseitiges Angebot an Waren des Massenkonsums. Damit bahnt sich eine Dezentralisation der sichtbarsten Funktion der Citys an, derjenigen des Einzelhandels. Der „Ruhrpark", das bedeutendste außerstädtische Einkaufszentrum des Reviers an einer wichtigen Kreuzung mit der Bundesstraße 1 zwischen Bochum und Dortmund, erzielt einen Jahresumsatz von 500 Mio DM.

Unter den zentralen Orten des Reviers Duisburg, Essen, Bochum, Gelsenkirchen und Dortmund gibt es graduelle Unterschiede. Essen im nordrheinischen Anteil am Revier und Dortmund im westfälischen Anteil genießen den Vorrang. Essen als Verwaltungssitz einer besonders großen Zahl bedeutender Wirtschaftsunternehmungen und von regionalen Behörden gilt neben der Landeshauptstadt von Nordrhein-Westfalen, Düsseldorf, als eine der beiden „Schreibstuben des Reviers".

Das Ruhrgebiet als Ballungsraum ist wiederholt Gegenstand von Überlegungen gewesen, es im Zuge einer *Verwaltungsreform* zu einer, zu zwei, zu vier oder zu sechs Städten zusammenzufassen. Ausgangspunkt dieser Erwägungen ist das zentralörtliche Gefüge des Reviers. Damit soll eine Vereinfachung und Verbilligung der Verwaltung erreicht werden. Vor allem soll diese Verwaltungsreform auch die künftige Entwicklung des Reviers erleichtern.

6. Die Bevölkerung

6.1. Herkunft der Bevölkerung

Noch zu Beginn des 19. Jahrhundert war das Ruhrgebiet ein überwiegend landwirtschaftlich genutzter Raum. Im Bereich des heutigen „Siedlungsverbandes Ruhrkohlenbezirk" (SVR) lebten damals rd. 275 000 Menschen. Heute sind es rd. 5,6 Mio (Fig. 28). Dieser Anstieg auf das Zwanzigfache innerhalb von 150 Jahren ist das Spiegelbild der wirtschaftlichen Entwicklung dieses industriellen Großraumes. Das Wachstum verlief keineswegs gleichmäßig, weder im Hinblick auf die einzelnen Zeitabschnitte noch auf die Teilräume des Reviers. Es war weitgehend abhängig von politischen Vorgängen und von den Anforderungen, welche an diesen Wirtschaftsraum gestellt wurden. Das Diagramm (Fig. 29) zeigt deutlich die Schwerpunkte dieser Entwicklung.

Mit dem Einsetzen der Industrialisierung war das Revier nicht mehr in der Lage, aus dem eigenen Raum den steigenden Bedarf an Arbeitskräften zu decken. Als Arbeitskräftereservoir erwiesen sich in den ersten 50 Jahren vorwiegend die drei preußischen Westprovinzen Westfalen, Rheinland und Hessen und die vier Ostprovinzen Schlesien, Posen, Westpreußen und Ostpreußen.

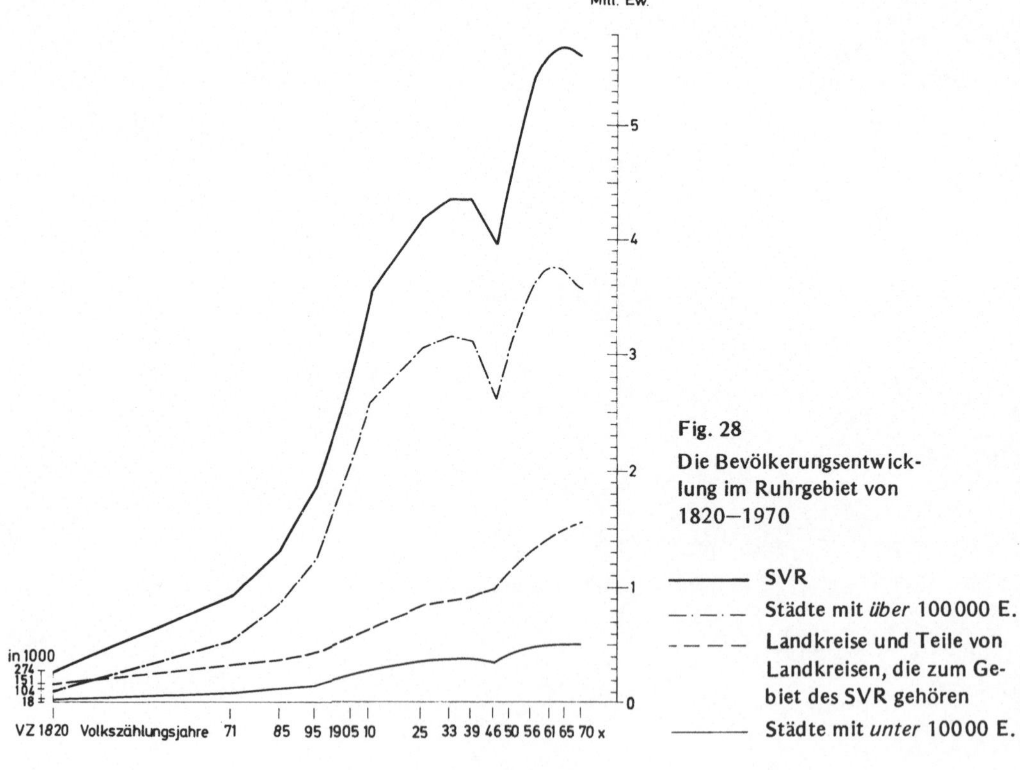

Fig. 28
Die Bevölkerungsentwicklung im Ruhrgebiet von 1820–1970

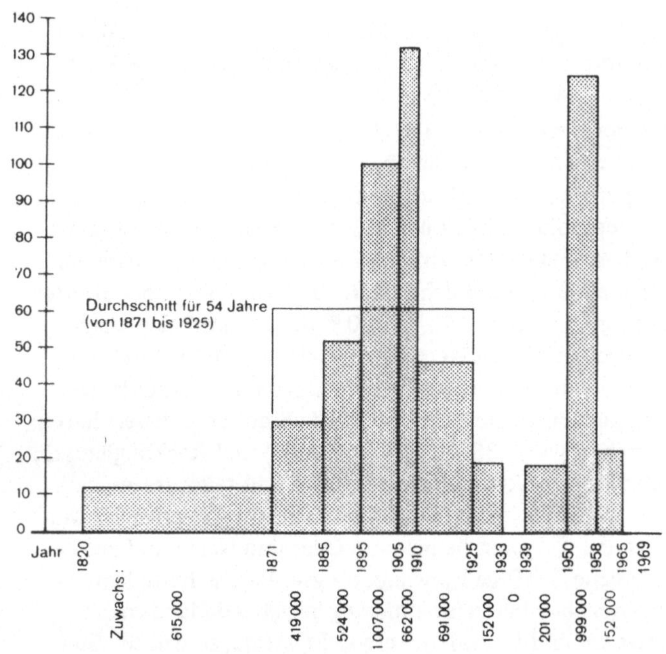

Fig. 29. Phasen der Bevölkerungsentwicklung des Ruhrgebietes von 1820–1969

Nachhaltig setzte die Einwanderung aus den preußischen Ostprovinzen ein, als nach einem schweren Streik im Waldenburger Kohlenrevier 1865 die Bergleute nicht mehr in die dortigen Gruben einfahren wollten und in großer Zahl zum Ruhrgebiet abwanderten. Die niederschlesischen Bergleute zogen Oberschlesier nach. Die nächste Gruppe waren ostpreußische Landarbeiter. Sie kamen zunächst einzeln und ungelenkt, später durch planmäßige Werbung in ganzen Sonderzügen, anfangs überwiegend junge Männer ohne Familienanhang. So ist zu erklären, daß z. B. 1874 nur 46 % der Bergarbeiter verheiratet waren. Danach kamen Westpreußen, Posener, Polen und Arbeiter aus der Donau-Monarchie: Tschechen, Slowaken, Slowenen, ferner Italiener und Holländer. Ein weniger starker, aber nicht abreißender Zuwanderungsstrom kam ständig aus den Notstandsgebieten der Rheinprovinz, besonders aus Eifel, Hunsrück und Weinbauorten an Rhein und Mosel, aus den kinderreichen Gebieten des westlichen Münsterlandes und des damaligen Fürstentums Lippe (besonders als Saisonarbeiter für die Ziegeleien), aus Waldeck und Hessen. Zahlenmäßig überwiegend blieben die Zuwanderer aus den Ostprovinzen. Kennzeichnend für den landsmannschaftlichen Aufbau des Ruhrgebietes in seiner Entwicklungszeit sind die Verhältnisse des Jahres 1893: 24,9 % der Belegschaft des Ruhrbergbaus stammten aus Oberschlesien, Posen, Ost- und Westpreußen. Weitere 2,7 % waren Ausländer. Der Raum beiderseits der Emscher als bis dahin siedlungsärmstes Gebiet des heutigen Reviers hatte den stärksten Fremdzuzug. So wurde die Überfremdung des Reviers von Süden nach Norden größer. 1893 hatte das Bergrevier Hattingen in der alten Ruhrzone nur einen Anteil von 8,9 % an Arbeitern aus den Ostprovinzen, während gleichzeitig das Bergrevier Recklinghausen-West 44,9 % aufwies (Angaben nach *Brepohl*).

So läßt sich also auch hinsichtlich der Herkunft der Bevölkerung eine zonale Gliederung des Reviers von Süden nach Norden erkennen. Die Bevölkerung der nördlichsten und jüngsten Ruhrgebietszone, der Lippezone, setzt sich in starkem Maße aus Menschen zusammen, die ursprünglich in einer der südlicheren Zonen seßhaft waren. Vor allem zu Beginn der modernen Entwicklungsphase des Reviers ab Mitte des 19. Jh. ist innerhalb der Belegschaften der einzelnen Zechen ein ungewöhnliches Maß von Mobilität zu beobachten. Auf einzelnen Schachtanlagen betrug sie jährlich 150, ja 200 % der Gesamtbelegschaft, also einen anderthalb- bis zweimaligen jährlichen Wechsel der Belegschaft. Dadurch erfolgte eine starke Durchmischung der Zuwanderer aus den verschiedenen Herkunftsgebieten, die bei ihrer Einwanderung zunächst eine ganz bestimmte Stadt angesteuert hatten, wie etwa die Ostpreußen Gelsenkirchen (von 1865–1914 160 000!) und Recklinghausen, die Masuren Bochum und die Polen Herne, Gelsenkirchen-Schalke und teilweise auch Recklinghausen. Erst nach dem II. Weltkrieg erfolgte mit dem Zustrom von etwa 1,2 Mio Flüchtlingen und Vertriebenen aus den Gebieten östlich von Oder und Neiße und aus der DDR innerhalb weniger Jahre eine neue, kräftige Einwanderungswelle. Sie hatte bemerkenswerterweise das Ergebnis, daß die über Jahrzehnte hinweg bestehende landsmannschaftliche Absonderung nicht etwa verstärkt, sondern verwischt wurde, so daß die Bevölkerung an der Ruhr trotz noch erkennbarer Unterschiede heute viel einheitlicher wirkt.

Das Ruhrgebiet ist all diesen Menschen zur Heimat geworden. Diese „Reviertreue" äußerte sich sehr nachdrücklich in den für die Ruhrgebietswirtschaft kritischen Rezessionsjahren 1966 und 1967, als infolge von Zechenstillegungen und durchgreifenden Rationalisierungsmaßnahmen in allen Zweigen der Wirtschaft viele Arbeitsplätze verloren gingen oder gefährdet waren. Die Arbeitnehmer, etwa vom 35. Lebensjahr ab, waren nicht mehr dazu zu bewegen, in andere Wirtschaftsgebiete der BRD mit Arbeitskräftebedarf abzuwandern. Die Bindung nicht nur an den Wohnort, sondern sogar an den Stadtteil hängt nicht von etwaigem Hausbesitz ab, sondern ist allgemein zu beobachten, wenn erst einige Jahre der Eingewöhnung und des Kennenlernens der besonderen Art der Lebensverhältnisse im Revier vergangen sind. Gegenüber der hektischen Mobilität um 1900 besteht heute eine überraschende Bodenständigkeit des Revierbewohners.

6.2. Die Bevölkerung nach Alter und Geschlecht

Nach Alter und Geschlecht zeigt die Bevölkerung (Fig. 30) die folgenschweren Auswirkungen der beiden Weltkriege mit der großen Zahl der Kriegstoten und dem Geburtenausfall im und zu Ende des II. Weltkrieges. Die Kriegs- und Nachkriegsjahrgänge sind auf der Männer- wie auf der Frauenseite der Alterspyramide schwach. Die Kriegsteilnehmerjahrgänge weisen auf der Männerseite erhebliche Lücken auf. Die Zahl der Frauen überwiegt beträchtlich und zeigt vor allem in den älteren, nicht mehr für das Erwerbsleben tauglichen Jahrgängen einen Überhang. Überhaupt zeigt die Alterspyramide von 1961 nicht mehr das Bild des jungen industriellen Großraumes, wie es etwa um die Jahrhundertwende

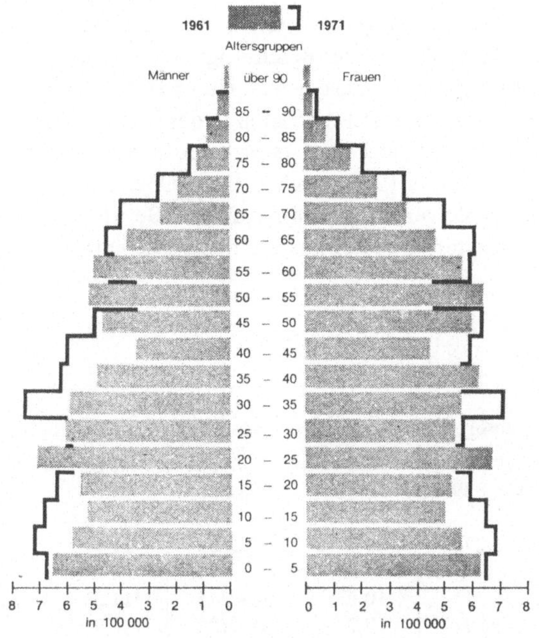

Fig. 30
Die Bevölkerungspyramide für Nordrhein-Westfalen 1961 und 1971 (berechnet)

vorhanden war, als die Männerseite, und da wiederum die Jahrgänge der im vollen Erwerbsleben stehenden Männer, überwog. Zur Entwicklungszeit des Reviers fiel eine hohe Geburtenziffer auf, die um 1900 in einzelnen Revierstädten ca. 50 Lebendgeburten auf 1 000 Einwohner betrug. Die bereits bei der Volkszählung von 1961 sichtbare Überalterung wirkt sich in bestimmten Berufen, die, wie der Bergbau und die eisen- und stahlschaffende Industrie, große Körperkräfte verlangen, umsomehr aus, als unter dem Eindruck der wirtschaftlichen Unsicherheit, welche durch die Bergbaukrise ab 1958 ausgelöst wurde, besonders Männer im leistungsfähigsten Alter in andere Wirtschaftsräume abwanderten. Statistische Vorausberechnungen für das Jahr 1971 zeigen, daß diese Überalterung noch zunehmen wird. Darum ist das Revier auf Arbeitskräfte „auf Zeit" angewiesen, die aus Italien, Spanien, Portugal, Jugoslawien, Griechenland und der Türkei mit zeitlich befristeten Arbeitsverträgen einströmen.

6.3. Die Bevölkerung nach der beruflichen Zugehörigkeit und der sozialen Stellung

Das Ruhrgebiet zeigte bis in die letzten Jahre ein deutliches Überwiegen von nur wenigen Wirtschaftsbranchen und damit ein einseitiges berufliches Bild der Bevölkerung. Bergbau, Eisen- und Metallerzeugung (d.h. ganz überwiegend Stahlerzeugung und -verarbeitung) dominierten. Daneben standen und stehen das Verarbeitende Gewerbe (ohne Eisen und Metallverarbeitung), das Baugewerbe und die Wirtschaftsabteilung Handel, Geld und Versicherungswesen, deren Anteil an der Zahl der Beschäftigten ständig zunimmt. Die Rezession des Bergbaus einerseits und die steigende Bedeutung der Eisen- und Stahlerzeugung und -verarbeitung andererseits haben die alte Relation der Beschäftigten in diesen beiden Wirtschaftsabteilungen insofern gründlich geändert, als der Anteil an Beschäftigten im Bergbau erheblich zurückging, während der Anteil der Beschäftigten in der Eisen-, Stahl- und sonstigen Metallerzeugung und -verarbeitung anstieg. Das wird deutlich aus einer Gegenüberstellung, die der SVR für die Jahre 1952 und 1963 erstellte. Diese Übersicht würde für 1972 noch weit stärker die rückläufige Bewegung der bergbaulichen Berufe zugunsten des „Verarbeitenden Gewerbes" und des tertiären Sektors mit den Wirtschaftsabteilungen 6–9 kennzeichnen (Tabelle 5).

Tabelle 5: Beschäftigte nach Wirtschaftsabteilungen im Gebiet des SVR

Wirtschaftsabteilung	1952 absolut	1952 i.v.H.	1963 absolut	1963 i.v.H.
0 Land- und Forstwirtschaft	29.011	1,6	24.168	1,0
1 Bergbau, Steine und Erden, Energie	482.839	26,8	406.523	17,0
2 Eisen- und Metallerzeugung und -verarbeitung	381.278	21,2	592.066	24,7
3/4 Verarbeitende Gewerbe (ohne Eisen- und Metallverarbeitung)	196.315	10,9	269.273	11,3
5 Baugewerbe	174.231	9,7	256.122	10,7
6 Handel, Geld- und Versicherungswesen	180.659	10,0	358.464	15,0
7 Dienstleistungen	106.813	5,9	154.569	6,5
8 Verkehrswesen	107.078	6,0	119.050	5,0
9 Öffentlicher Dienst	142.893	7,9	211.923	8,8
0-9 alle Wirtschaftsabteilungen	1.801.117	100,0	2.392.158	100,0

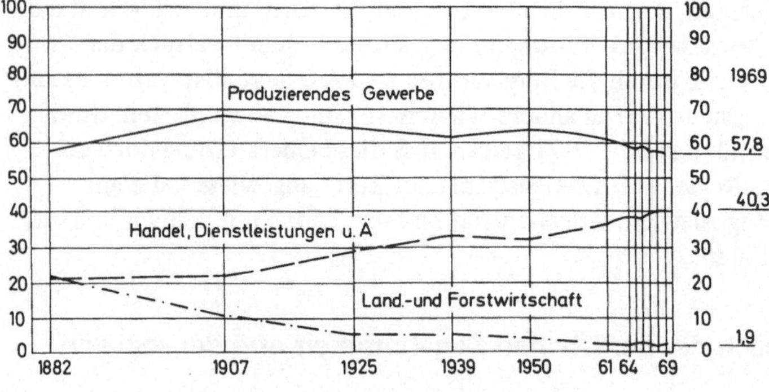

Fig. 31
Die Verteilung der erwerbstätigen Bevölkerung auf die drei Haupterwerbsgruppen (in %) 1982–1969

Faßt man die Wirtschaftsabteilungen zu Wirtschaftsbereichen zusammen, so ergibt sich die bemerkenswerte Feststellung, daß der Bereich des „Produzierenden" Gewerbes (die Wirtschaftsabteilungen 1–5 der Tabelle 5) heute wieder den gleichen relativen Anteil an der Gesamtzahl der Erwerbspersonen hat wie 1882, z. Z. der ersten entsprechenden Zählung, trotz einer z. T. vielfachen Steigerung des Produktionsvolumens. Das ist das Ergebnis einer konsequent durchgeführten Mechanisierung und Rationalisierung. Dabei ist jedoch zu berücksichtigen, daß die Anzahl der unteren, mittleren und höheren Führungskräfte und der Facharbeiter heute weit höher liegt als in früheren Jahrzehnten. Im Wirtschaftsbereich Handel, Dienstleistungen, Verkehr, öffentlicher Dienst (die Wirtschaftsabteilungen 6–9 der Tabelle 5), dem tertiären Sektor, hat sich der relative Anteil an der Gesamtzahl der Erwerbspersonen gegenüber 1882 verdoppelt, während der Anteil der in Land- und Forstwirtschaft Tätigen fast bis zur Bedeutungslosigkeit abgesunken ist (Fig. 31).

Aus dieser Entwicklung ergibt sich ein beträchtliches zahlenmäßiges Überwiegen der unselbständig Erwerbstätigen (Arbeiter, Angestellte, Beamte). Innerhalb der sozialen Stufenleiter hebt sich der Facharbeiter wegen der von ihm verlangten Qualifikation über den Arbeiterstand hinaus.

7. Die Wirtschaft

7.1. Kohle

7.1.1. Rückgang des Steinkohlenbergbaus an der Ruhr

Die Entwicklung des Kohlenbergbaus ist seit der technischen Bewältigung des wasserführenden Deckgebirges im Jahre 1837 gekennzeichnet durch folgende *Tendenzen:*
Übergang zur Tiefbauzeche, Übergang zur Großschachtanlage, Bedarf an immer mehr Kohlenmengen und unterschiedlichen Kohlenarten. Davon abhängig ist das unaufhaltsame Vorrücken des Bergbaus in breiter, von Westen nach Osten verlaufender Front von der Ruhr im Süden über den Hellweg, die Emscher, die Lippe bis in das südliche Münsterland im Norden. Infolge des geologischen Baus mußte der Abbau nach Norden zu in immer größeren Teufen erfolgen. Nach 1900 kam das Gebiet links des Niederrheins mit steigender Bedeutung hinzu.

Der Ruhrbergbau konnte diesen Weg gehen, trotz der ungünstigen Lagerungsverhältnisse und der großen Teufen, die beide die Förderkosten erhöhten. Er hatte bis ca. 1950 in Deutschland eine beinahe monopolartige Stellung als Energieträger. Dazu erwies es sich mehr und mehr, daß die Steinkohle darüber hinaus ein bedeutsamer Rohstoff für einen eigenen, an Bedeutung stets wachsenden Wirtschaftszweig war, die Kohlechemie. Hinzu kam die besondere Eignung des aus Fett- und Eßkohle gewonnenen Kokses für die Verhüttung von Eisenerzen. Alle drei Faktoren sicherten dem Ruhrbergbau einen steigenden Absatz. So erreichte das Ruhrgebiet 1938 mit etwa 140 Schachtanlagen und 335 000 Beschäftigten die Rekordförderung von 127 Mio t Steinkohle und die Produktion von 32 Mio t Koks. Zu dieser Zeit und in den ersten Jahren nach dem II. Weltkrieg war die Kohle noch der absolut dominierende Grundstoff für alle wichtigen anderen Wirtschaftszweige.

Seit etwa 1958 ist die Bedeutung der Ruhrkohle und des Ruhrkokses und ihr Anteil an der Welterzeugung erheblich zurückgegangen (Tabelle 6):

Tabelle 6

Jahr	Kohlenförderung			Kokserzeugung		
	Welt in 1000 t	Ruhrgebiet in 1000 t	Ruhrgebiet in %	Welt in 1000 t	Ruhrgebiet in 1000 t	Ruhrgebiet in %
1938	1 203 000	127 000	10,5	142 000	32 000	22,5
1966	2 307 000	103 000	4,4	308 000	32 000	10,4
1970[1]	1 804 000	91 000	5,0	345 000	28 000	8,1

[1]) nicht darin enthalten Angaben für die VR China (ca. 600 Mio t)

In vielen Teilen der Welt wurden reiche Kohlenlagerstätten in günstiger Lagerung, in geringerer Teufe und in größerer Flözmächtigkeit erschlossen. Das gilt vor allem für die Steinkohlenlagerstätten in den USA und in der UdSSR. Das erlaubt dort eine wesentlich billigere Förderung als im Revier (Fig. 32). Die billigen Kohlen verdrängten die Ruhrkohle von einem Teil ihrer traditionellen Märkte.

Ein weiterer Grund für den Rückgang des Kohlenbergbaus an der Ruhr ist der Verlust vieler Konsumenten durch deren Übergang von der Kohle zu dem in mancher Hinsicht zweckmäßigeren Öl oder dem billigeren Erdgas. Eisenbahn, Schiffahrt, Haushaltungen, aber auch viele Industriezweige stellten sich auf Öl, Erdgas und Elektrizität um. Hinzu kamen auf Grund bestehender Verträge aus den Jahren des Kohlenmangels nach dem II. Weltkrieg Importverpflichtungen von Auslandskohle, vor allem von US-Kohle (bis zu rd. 5 Mio t). Auch diese Importe hemmten den Absatz der heimischen Zechen (1970 9,2 Mio t).

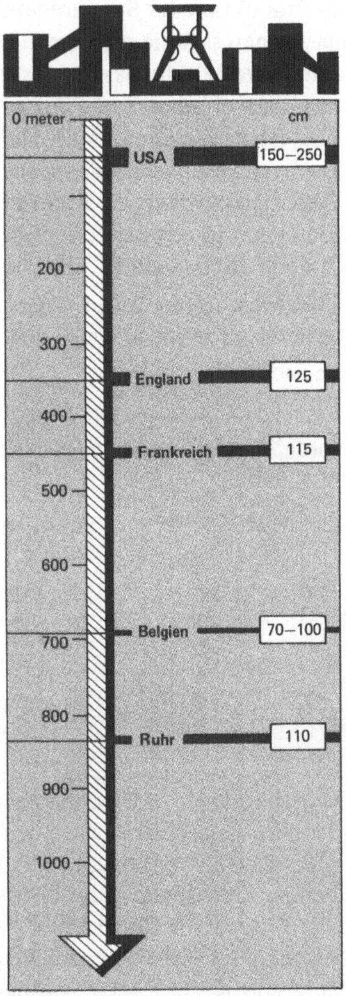

Fig. 32
Die Durchschnittsteufe der Kohlengruben und die durchschnittliche Mächtigkeit der Kohlenflöze in den USA, England, Frankreich, Belgien und im Ruhrgebiet

Die rationellere Verwendung der Kohle in der Industrie führte dazu, daß bereits 1960 19,4 Mio t Steinkohleneinheiten (SKE[4]) eingespart wurden gegenüber 1951. So sank z. B. bei Hochöfen durch die Verwendung von hochprozentigem Erz, von Pellets und durch verstärkte Sinterung des Roherzes der Koksverbrauch von durchschnittlich 941 kg/t Roheisen im Jahre 1957 auf 563 kg/t Roheisen im Jahre 1969. Die Elektrifizierung vieler Strecken der Eisenbahn senkte den Kohlebedarf von 9,8 Mio t/1957 auf 3,8 Mio t/1966. Die Heizölverbrauchskurve zeigt in der BRD eine geradezu explosive Entwicklung. Das zeigen folgende Indexzahlen: 1953 100, 1956 500, 1960 1 682. Der Verbrauch von Heizöl betrug 1957, 6,2, 1960 16,0, 1965 45,5, und 1970 74,9 Mio t.

Als Folge davon sank der Anteil der Steinkohle am Primärenergieverbrauch von 70 % im Jahre 1955 auf 28,9 % im Jahre 1970, während der Anteil des Mineralöls in der gleichen Zeit von 9 % auf 53 % und derjenige des Erdgases von 0 % auf 5,4 % anstieg.

4) SKE = der auf die Rohsteinkohle umgerechnete Wert aller Kohlen- bzw. anderer Energien.

Die Produktion des Steinkohlenbergbaus war zeitweise weit höher als die Nachfrage. Daraus ergaben sich die gewaltigen Halden unverkäuflicher Steinkohle, die oft größer und höher waren als die das herkömmliche Ruhrgebietsbild prägenden Halden von totem Gestein, das bei jeder Förderung anfällt. Diese Halden unverkäuflicher Kohle waren ein deutliches Zeichen dafür, daß die Diskrepanz zwischen Förderung und Nachfrage noch nicht gemeistert war. Die Haldenbestände betrugen 1954 erst 197 000 t, 1966 aber bereits rd. 12 Mio t, dazu mehr als 5 Mio t Koks. 1970 waren sie restlos verschwunden, weil die Förderung inzwischen der Nachfrage angepaßt war. Im Dezember 1971 waren sie erneut auf 3,3 Mio t Kohle und 5,1 Mio t Koks angewachsen.

Für das Ruhrgebiet (wie für den gesamten bundesdeutschen Steinkohlenbergbau, an dem das Ruhrgebiet einen Anteil von 82 % hat) wird diese Rezession deutlich aus den Zahlen der Tabelle 7.

Tabelle 7: Rückgang des Steinkohlenbergbaus an der Ruhr seit 1958: (in Klammern: Arbeiter unter Tage)

Jahr	Zahl d. Förderanlagen	Beschäftigte in 1000	Förderung in Mio t	Kokserzeugung in Mio t
1958	140	489 (305)	122	38
1961	120	388 (231)	116	34
1964	99	331 (192)	117	34
1966	61	287 (161)	103	32
1969	56	203 (119)	91	31
1971	55	197 (108)	91	26

Der Rückgang des Steinkohlenbergbaus bedeutet nicht nur die Stillegung und den Abbruch von mehr als der Hälfte der noch vor 10 Jahren fördernden Schachtanlagen. In einzelnen, früher einmal berühmten Bergbaustädten, wie Bochum, erinnern nur noch die Zechenhalden und die weiten Trümmergelände der ehemaligen Übertageanlagen an den Bergbau, der die Grundlage für die Entwicklung dieser Gemeinden war. Fast 300 000 Bergarbeiter im Revier verloren ihren Arbeitsplatz; sie mußten umgesiedelt, für neue Berufe umgeschult oder vorzeitig „auf Rente gesetzt" werden. Seit Jahrzehnten zeigte die Bevölkerungszahl des Reviers erstmalig eine, wenn auch geringfügige, rückläufige Tendenz. Der Lebensstandard in den ehemaligen Bergbaugemeinden ging zurück, die Steuereinnahmen sanken.

7.1.2. Rationalisierung und Mechanisierung als Ergebnis der Kohlenkrise

Nach sehr kritischen Übergangsjahren mit mancherlei Fehlleitungen und Fehlinvestitionen ist man sich heute darüber klar, daß ein bleibender und sicherer Absatz für eine Kohlenmenge von 90, nach Meinung einiger Fachleute nur von 66 Mio t gegeben ist, falls diese Menge zu konkurrenzfähigen Preisen gewonnen werden kann. Darum haben die Unternehmen, zum Teil mit staatlicher Förderung, den gesamten Bergbau einem rücksichtslosen Rationalisierungsprozeß unterworfen. *Rationalisierung* bedeutet: Aufgabe aller Schachtanlagen mit allen Kohlenlagerstätten, die auf Grund steiler Lagerung, zahlreicher tektonischer

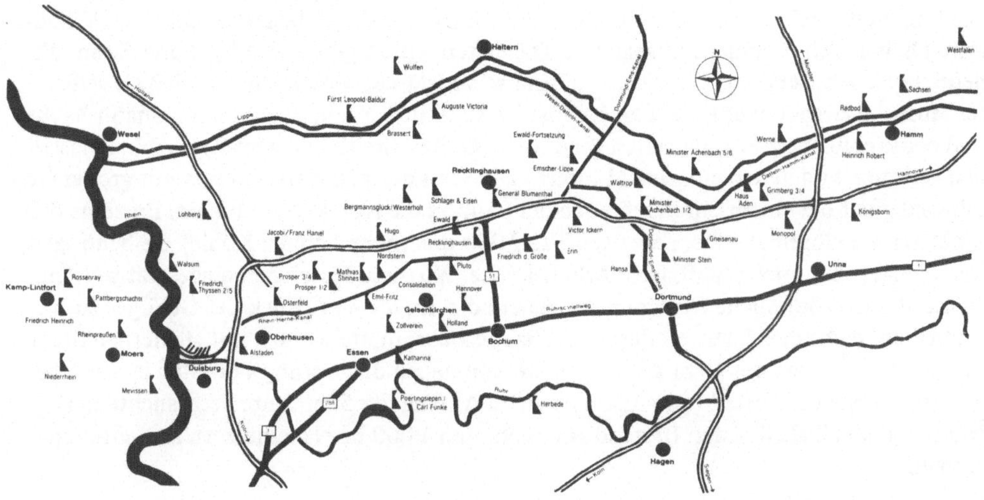

Fig. 33. Die fördernden Steinkohlenzechen 1971

Störungen und geringer Flözmächtigkeit nicht voll mechanisiert abgebaut werden können. Davon sind vor allem die Zechen am Hellweg im Raum von Duisburg über Essen, Bochum, Dortmund und Unna betroffen worden, d.h. an der zusammenhängenden südlichen Abbaufront der Kohle (Fig. 33). Es ist ein ähnlicher Vorgang, wie er bereits bei einer früheren Rationalisierungswelle, vor etwa 45 Jahren (1925–1929), bei den Zechen zwischen der Ruhr und dem Hellweg zu beobachten war. Diese Stillegungen bedeuten die endgültige Aufgabe von mehreren 100 Mio t Kohle. Eine einmal stillgelegte Zeche kann unter den Verhältnissen des Ruhrgebietes nie wieder eröffnet werden. Im Rahmen der Rationalisierung wurden weiterhin benachbarte Zechen zusammengelegt bzw. die Förderung einer Zeche wurde vor der Stillegung von einer Nachbarzeche übernommen, die Grubenfelder werden also weiter ausgebeutet, während die Anzahl der Zechen zurück geht. Man nennt diesen Vorgang die „Flurbereinigung unter Tage". Der „Verbund" zu wenigen, sehr leistungsstarken Großschachtanlagen ist noch keineswegs abgeschlossen. Ein weiterer Vorgang der Rationalisierung ist die zahlenmäßige Verminderung und zugleich Vergrößerung derjenigen Stellen im Steinkohlengebirge, an denen der Abbau der Steinkohle stattfindet. Man nennt solche Abbaustellen „Abbaubetriebspunkte". Noch im Januar 1957 fand der Abbau der Steinkohle an 2006 Abbaubetriebspunkten statt mit einer arbeitstäglichen Förderung von durchschnittlich je 204 t und einer Abbaugeschwindigkeit von durchschnittlich 91 cm je Fördertag. 1971 bestanden nur noch 388 Abbaubetriebspunkte mit durchschnittlich je 953 t Förderung und einer Abbaugeschwindigkeit von durchschnittlich 252 cm. Die laienhafte Vorstellung, daß in der „unteren Wirtschaftslandschaft" des Reviers, in den Kohlenfeldern, an Tausenden von Stellen kleine Arbeitstrupps die Kohle lösen, muß also revidiert werden zugunsten der Vorstellung, daß im modernen Steinkohlenbergbau der Kohlenabbau an nur wenigen Großabbaupunkten erfolgt. Das ist möglich mit Hilfe einer vollkommenen Mechanisierung.

Dadurch muß auch eine andere Vorstellung revidiert werden. Die herkömmlichen Abbaumittel haben sich grundlegend geändert. Die ersten Arbeitsgeräte, Schlägel und Eisen, die heute noch den Bergbau symbolisieren, sind so vollständig verschwunden, daß sie selbst für Museumszwecke nicht mehr zu beschaffen sind. Ihre Nachfolger, die Bergmannshacke und der Preßluftbohrer, sind selten geworden. An ihre Stelle sind gewaltige Abbaumaschinen getreten, von denen einzelne Millionen D-Mark kosten. Sie fressen sich mit großer Geschwindigkeit bei einem ohrenbetäubenden Lärm in die Kohlenflöze hinein. Einzelne dieser Maschinen lösen an einem einzigen Tag 2 000 und mehr Tonnen Kohle; sie benötigen nur wenige, aber hochqualifizierte Arbeitskräfte. Wo diese Maschinen eingesetzt werden, genügt der herkömmliche Ausbau mit Grubenhölzern, die den Druck des Gebirges zu tragen haben, nicht mehr. Die modernen Abbaubetriebspunkte werden mit stählernen Stempeln zum Abstützen des Gebirges ausgebaut, von denen die leistungsfähigsten je Stück soviel kosten wie ein Mittelklasse-Auto. Noch zu Anfang der 50er Jahre verbrauchte der Ruhrbergbau alljährlich den Bestand von mehreren 1 000 ha Nadelhölzern zum Grubenausbau.

Und noch eine dritte herkömmliche Vorstellung muß revidiert werden. Während der Laie sich auch heute noch imponieren läßt von den ausgedehnten *Übertageanlagen* einer Zeche mit den hochragenden Fördertürmen, den Maschinenhäusern, den gewaltigen Gebäudeblöcken der Kohlenwasch- und mischanlagen und Kohlenbunker, stellt er sich die *Untertageanlagen* immer noch als ein Gewirr enger, dunkler, gefahrdrohender Gänge vor, die vom Schacht mit seinem Förderkorb ihren festen Ausgang nehmen und sich irgendwo im Dunkel des Berges verlieren. Er weiß nicht, daß die Untertageanlagen einer modernen Zeche einer modernen Stadt mit einem sorgfältig, zum Teil elektronisch gesteuerten, weit verzweigten Schienennetz für insgesamt 10 000 km Haupt- und Nebenbahnen (Fig. 36) ähneln, mit unterirdischen Verschiebebahnhöfen, mit zentralen Gleisbildstellwerken, mit großen Werkstätten und schließlich mit den mehrere hundert Meter langen Abbaubetriebspunkten (Fig. 34–39). Einen guten Einblick in moderne Untertageanlagen vermittelt das Bergbau-Museum in Bochum, eines der bedeutendsten der Welt.

Das Ergebnis der Mechanisierung wird deutlich aus Tabelle 8.

Das Ergebnis von Rationalisierung und Mechanisierung ist ein erheblicher Anstieg der Förderleistung je Mann und Schicht untertage, die sogenannte *Schichtleistung,* von 1 591 kg im Jahre 1956 auf 3 755 kg im Jahre 1970. Sie liegt damit an der Spitze der EWG-Länder (3 320 kg) und vor England, aber noch unter der Hälfte der Schichtleistungen in den USA. Angestrebt wird bis 1980 eine Leistung von 8 000 kg.

Die bisher durchgeführte Mechanisierung stellt den Anfang, nicht den Abschluß des innerbetrieblichen Rationalisierungsprozesses dar: Der hydraulische Strebausbau gewinnt immer mehr an Bedeutung. Dabei rücken auf hydraulisch betätigten Füßen ganze Reihen von Stahlstempeln ständig in Schritten von 20–30 cm gegen den Kohlenstoß vor. Sie werden in Kohlenflözen bis zu 300 m Länge eingesetzt, dirigiert von nur einem einzigen Mann am Steuerpult. Dabei erfüllt diese Kompanie von Robotern zwei Aufgaben: Sie stützt im Kohlenstreb das Gebirge ab und gibt der Abbaumaschine festen Halt. Dadurch entfällt das mühsame Errichten von Abstützstempeln für den Ausbau; 15 Arbeitsplätze werden dadurch eingespart. Laserstrahlen lenken moderne Vortriebsmaschinen.

Fig. 34. Zeche Walsum bei Walsum am rechten Niederrhein. Sie ist eine der modernsten Großschachtanlagen des Reviers. Der Zechenhafen hat unmittelbare Verbindung mit dem Rhein

Fig. 35. Steuerungspult für das Rangieren der Kohlenwagen auf der „Hängebank"

Fig. 36. „Strecke". Strecken nennt der Bergmann die unterirdischen Grubenbaue, auf denen sich der Verkehr von den Abbaustellen zum Schacht abspielt; durch die Strecken verlaufen nicht nur die Schienen, sondern auch die Versorgungsleitungen für Strom, Druckluft und Frischluft. Strecken haben heute teilweise einen Stahlausbau, Teile sind gemauert

Tabelle 8: Mechanisierung der Kohlegewinnung an der Ruhr in % der Förderung

Jahr	Nichtmechanische Gewinnung	Teilmechanische Gewinnung	vollmechanische Gewinnung
1956	73,54	14,93	11,53
1967	14,35	1,17	84,48
1970	7,80	0,26	91,94

Fig. 37. Im „Streb“. Strebe nennt der Bergmann diejenigen Grubenbaue, in denen der Kohlenabbau stattfindet. Das Bild zeigt einen modernen hydraulischen Strebausbau aus Stahl

Der Förderkorb mit dem Schacht wird auch noch in absehbarer Zeit wie ein „Nadelöhr“ für den Betriebsablauf wirken. Dagegen wurden für den Horizontalbetrieb, also für die Beförderung der Kohle vom Abbaubetriebspunkt zum Füllort untertage, d.h. dem Schnittpunkt von Strecke und Schacht, sehr leistungsfähige Bandförderanlagen von z.T. mehreren Kilometern Länge auf vielen Zechen eingeführt. Die moderne Großlochbohrtechnik beginnt langsam, die bisherige Methode des Schachtabteufens zu verdrängen, bei der Schächte in Kurzetappen ausgehoben und abgeteuft wurden. Die neue Technik wurde bisher erst an Blindschächten erprobt. Das Verfahren wäre nicht nur billiger, es hätte auch den Vorteil, daß es das Gebirge nicht zerbricht, wie es bisher bei den Sprengungen unumgänglich war, und dadurch eine größere Standfestigkeit bewahrt.

1970 hatten bereits 28 % aller Schachtanlagen eine Untertageleistung von 4 t je Mann und Schicht. Die Gesamtförderung der Schachtanlagen stieg in der Zeitspanne 1957–1970 von durchschnittlich 3330 t je Tag auf 6360 t. Sieben Großschachtanlagen hatten 1970 eine Tagesförderung von 10000 bis 13000 t.

Fig. 38. Ein „Reißhakenhobel". Er reißt mit stählernen Haken eine tiefe Rinne in den Kohlenstoß und bringt die über der Rinne liegende Flözpartie zum Einsturz. Das davor liegende Transportband schafft die Kohle fort

Am 18. 7. 1969 schlossen sich 24 von 26 Grubengesellschaften des niederrheinisch-westfälischen Industriegebietes zu der Einheitsgesellschaft *Ruhrkohle AG* zusammen. Sie erfaßt 94 % der Förderung (1970). Die straffe Lenkung und klare räumliche Gliederung der Gesellschaft ermöglichen die einheitliche Abbau-Planung der „Gesamtlagerstätte Ruhr" und eine unumgehbare Neuordnung mit dem Ziel, die Rentabilität des Kohlenbergbaus und die Sicherung seiner Arbeitsplätze wieder herzustellen. Die Zukunft des Bergbaus wird dabei nicht in den traditionellen Bergarbeiterstädten wie Bochum, Dortmund, Gladbeck oder Bottrop liegen, sondern dort, wo die günstigsten Voraussetzungen gegeben sind hinsichtlich der Flözmächtigkeit und Lagerungsverhältnisse. Die Kapazitäten der nachhaltig ertragsstärksten Anlagen sollen voll ausgenutzt werden. Das sind die Bergbaugebiete an der westlichen Abbaufront am Niederrhein, an der östlichen Abbaufront um Bergkamen, Unna und Hamm und in den nördlichen Ausläufern des Reviers. In einem 1970 vorgelegten „Grundsatzprogramm" wird die Konzentration des Abbaus auf ertragreiche Zechen herausgestellt. Dabei soll in zahlreichen Fällen ein Verbund benachbarter Zechen zu einer

Fig. 39. Der Bergmann ist heute ein hochqualifizierter Techniker. Nicht mehr Körpferkräfte allein, sondern technische Fähigkeiten zur Wartung der oft mehrere Millionen kostenden Maschinen sind Voraussetzung für seine immer noch gefahrvolle Arbeit. Der Bergmann auf dem Bild schließt eine Druckluftleitung an einen hydraulischen Stempel an

Abbau- und Fördereinheit die Rentabilität steigern. Die Karte gibt einen Überblick über die im Jahre 1971 fördernden 55 Zechen. Inzwischen wurden folgende Stillegungen beschlossen: 1972 schließen die Schachtanlagen Katharina und Mathias Stinnes in Essen, Emscher-Lippe in Datteln, Herbede in Herbede, Brassert in Marl; 1973 schließt Bochums letzte Schachtanlage, Hannover-Hannibal; bis 1975 schließen die Schachtanlagen Emil Fritz und Vereinigte Poertingsiepen/Carl Funke in Essen und Alstaden in Oberhausen. Durch diese Maßnahmen werden rd. 20000 Beschäftigte des Bergbaus betroffen. Sie sollen entweder auf andere Schachtanlagen verlegt oder frühzeitig pensioniert werden. Alle diese Stillegungen gehen parallel mit dem Ausbau der verbleibenden Schachtanlagen zu leistungsfähigen und wirtschaftlich arbeitenden Großbetrieben.

Diese gesamte Entwicklung ist nicht ohne nachhaltigen Einfluß auf das kulturlandschaftliche Bild des Reviers geblieben. Die früher dicht gestreuten Zechen mit ihren vielfach baulich unschönen Übertageanlagen werden in immer stärkerem Maße durch wenige technisch imponierende Großschachtanlagen ersetzt. Dabei wurden die beiden südlichsten Zonen, die Ruhr- und die Hellwegzone, bereits so gut wie zechenfrei.

7.2. Eisen- und Stahlerzeugung und -verarbeitung

7.2.1. Standortvoraussetzungen und Standorte

Im Gegensatz zu anderen Standorten hat sich die eisen- und stahlschaffende Industrie des Ruhrgebietes in ihrer heutigen weltweiten Bedeutung *auf der Kohle* entwickelt. Nicht die Kohle als solche, sondern der aus Eß- und Fettkohle gewonnene besonders hochwertige Hochofenkoks ist entscheidend für den Schmelzprozeß. Darum entwickelte sich die Eisen- und Stahlgewinnung auch erst von dem Zeitpunkt ab schwerpunktartig an der Ruhr, als es nach englischem Vorbild 1849 erstmalig gelang, aus heimischer Kohle Koks zu gewinnen und erfolgreich für den Schmelzprozeß zu verwenden. Bei den damaligen Hochöfen benötigte man jedoch zum Schmelzen von einer Tonne Erz wenigstens zwei Tonnen Koks. Es war also billiger, das Erz zur Kohle zu schaffen als umgekehrt. Darüber hinaus benötigt man außer dem Koks noch sogenannte *Zuschlagstoffe,* Kalk oder Dolomit. Erze und Zuschlagstoffe zusammen heißen „Möller". Kalk oder Dolomit binden alle tauben Bestandteile des Erzes und die Asche des Kokses, insbesondere die schwefelhaltigen Bestandteile, zu einer flüssigen Schlacke, die sich leicht entfernen läßt. Aus dieser Schlacke werden übrigens nach dem in der Ruhrindustrie üblichen Verfahren der „Verwertung des Wertlosen" Zement, Bausteine, das Isoliermaterial Schlackenwolle und andere Erzeugnisse hergestellt. Kalke und Dolomite treten unmittelbar am Südrand des Reviers, in den devonischen Schichten des Sauerlandes, in großen, leicht zugänglichen Lagerstätten auf. Je geringer der Eisengehalt der Erze ist, desto mehr Zuschläge werden benötigt. Für die Gewinnung von einer Tonne Roheisen ist ein Materialaufwand von zwei bis sechs Tonnen erforderlich, Erz, Koks und Zuschlagstoffe zusammengenommen.

Die *Entwicklung des Hochofens* hat dazu geführt, daß man heute durchschnittlich nur noch 563 kg Koks je Tonne Roheisen benötigt gegenüber 941 kg 1957, in den modernsten Hochöfen sogar nur noch gut 500 kg. Damit ist der alte Standortvorteil „auf der Kohle" nicht mehr gegeben. Deshalb verwendet die Ruhrindustrie heute fast nur noch hochprozentige ausländische Erze und Pellets. Damit wurde die BRD nach den USA und Japan zum wichtigsten *Erz-Importland.* Die wichtigsten Erzlieferanten sind West- und Nord-Europa (36,6 %), Südamerika (25,7 %), West- und Südafrika (25,1 %) (Zahlenverhältnisse aus dem Beispieljahr 1968). Bei diesen Erzimporten hat es sich gezeigt, daß große Schiffseinheiten von 40–80 000 t wesentlich billiger transportieren als kleinere. So kann z. B. ein 50 000-Tonnen-Schiff eine Tonne Erz von Liberia etwa zu den halben Kosten befördern wie ein 10 000-Tonnen-Schiff. Der klassische deutsche Erzhafen Emden kann aber nur Schiffe bis 30 000 t aufnehmen; größere Schiffe können nur in Rotterdam abgefertigt werden. Während von Emden aus das Erz über den Dortmund-Ems-Kanal nur mit Schiffen bis 1 350 t zum östlichen Revier um Dortmund gebracht werden kann, ermöglicht Rotterdam mit dem Rhein den Einsatz von Schubschiff-Einheiten von über 8 000 t, die im Vergleich zu mehreren Schleppzug-Einheiten mit der gleichen Transportleistung eine Kostenersparnis von 17 % erbringen. Überdies können bei vielen Hütten am Niederrhein die Schiffe unmittelbar bei den Hochöfen löschen, während z. B. in Dortmund ihre Ladungen erst über ein verzweigtes Werksbahnnetz vom Hafen zum Hochofen befördert werden müssen.

Diese Rationalisierung im Erztransport auf Seeweg und Binnenwasserstraße unterstreicht den steigenden Standortvorteil der eisen- und stahlschaffenden Industrie am Niederrhein, an der sogen. Rheinschiene, mit ihren Werken um Duisburg (August-Thyssen-Hütte, Niederrheinische Hütte, Mannesmann-Werke), Rheinhausen (Krupp), dazu auch Oberhausen (Gutehoffnungshütte) gegenüber dem östlichen Revier um Dortmund (Hoesch AG). Dieser Standortvorteil führte innerhalb des Reviers zu einer unterschiedlichen Entwicklung: Während sich die Rohstahlerzeugung im westlichen Revier seit dem II. Weltkriege mehr als verdreifachte und 58,8 % (1969) der Gesamtproduktion des Reviers beträgt, erreichte sie im mittleren und östlichen Revier nicht einmal das Doppelte: Der Bezirk Dortmund hatte 1969 einen Anteil von 24 %, Bochum 10,4 %, Essen 6,6 % und Gelsenkirchen 0,2 % bei einer Gesamtproduktion von 28,1 Mio t (Bundesgebiet ohne Ruhr 17,2 Mio t). Es hat sich sogar als vorteilhaft erwiesen, 1968 die sieben Hochöfen einer der ältesten und größten Hütten des Reviers, des „Bochumer Vereins“ (Krupp) in Bochum, stillzulegen und die für die Stahlgewinnung und -verarbeitung hier benötigten großen Mengen an Roheisen in flüssigem Zustand in Behältern von 165 t auf der öffentlichen Eisenbahnlinie fast 50 km weit von der Krupp-Hütte Rheinhausen heranzuschaffen.

Die relative Ungunst des Raumes um Dortmund hinsichtlich eines kostengünstigen Bezuges an Auslandserzen hatte zu Ende des 19. Jh. zum Bau des Dortmund-Ems-Kanals (1899 eröffnet) geführt. Heute ist dagegen die Errichtung eines „nassen“ Hochofenwerkes im Raum Rotterdam im Gespräch. Es soll eine Endkapazität von 8 Mio t Roheisen aufweisen, das im Raum Dortmund zur Weiterverarbeitung gelangt. Durch seine Lage unmittelbar an der Küste soll es die Fracht- und Kostenvorteile ausnutzen, die sich durch die Verwendung von Superfrachtern, die Verwendung billiger amerikanischer Kohle und durch den Fortfall von mehrfachem Umschlag ergeben. Das Werk an der niederländischen Küste ist von den Firmen Hoesch, Dortmund, und „Hoogovens“, Yjmuiden, so geplant, daß selbst große Schiffseinheiten unmittelbar vor den Hochöfen anlegen und löschen können.

Die Erzimporte bestimmen aber nicht allein die Gunst oder Ungunst der Standorte. Von großer Bedeutung ist die Lage der eisen- und stahlschaffenden Industrie zu den Verbrauchern ihrer Erzeugnisse. Das Ruhrgebiet ist nicht nur der größte Roheisen- und Stahlproduzent Mitteleuropas, sondern in seinen zahlreichen Werken der eisenverarbeitenden Industrie auch der größte Verbraucher von Eisen und Stahl. Hinzu kommt seine günstige geographische Lage zu anderen Zentren der europäischen Eisen- und Stahlverarbeitung. Der z. Z. durchgeführte Ausbau des Autobahnnetzes wirkt sich besonders günstig für den Dortmunder Raum aus, der dadurch einen Teil seiner standortlichen Nachteile beim Bezug von Erz ausgleichen kann.

Die Standorte der Eisen- und Stahlerzeugung zeigen drei Schwerpunkte: im westlichen Revier in Duisburg und Rheinhausen, im mittleren Revier in Mülheim, Essen, Oberhausen, Gelsenkirchen, Bochum, Hattingen und im östlichen Revier in Dortmund (Fig. 40), Witten und – außerhalb des eigentlichen Reviers – in Hagen. Das bedeutendste Unternehmen im Westen sind die Thyssen-Werke, Schwerpunkt um Duisburg, mit einer Rohstahlerzeugung von 12,6 Mio t (1970) und im Osten die Hoesch AG in Dortmund mit einer Rohstahlerzeugung von 6,8 Mio t. Hoesch und das niederländische Unternehmen Hoogovens NV

Fig. 40. Hochofenkulisse mit Westfalenpark in Dortmund-Hörde

schlossen sich 1972 zu einer Zentralgesellschaft mit niederländischer Kapitalmehrheit zusammen. Thyssen wie Hoesch – Hoogovens gehören zu den größten Roheisen- und Stahlerzeugern der Welt.

7.2.2. Produktionsvorgang und Produktion

Ein Hochofen arbeitet 10–15 Jahre lang ohne Unterbrechung und erzeugt in 24 Stunden rd. 1 000 t Roheisen. Die modernsten Hochöfen schaffen 4 000 t Roheisen je Tag, rd. 6 Mio t während ihrer „Lebensdauer". Mit einer Höhe von fast 60 m bilden sie eine imponierende Kulisse der Industrielandschaft. Wenn die Schlacken abgezogen und über die Schlackenhalden abgekippt werden, laufen sie wie flüssige Lava den Hang hinunter und färben des Nachts den Himmel feuerrot. Alle 2 1/2 bis 4 Stunden wird das Stichloch des Hochofens geöffnet, das inzwischen geschmolzene Eisen fließt funkensprühend und brausend aus (Fig. 41). Entweder läßt man das flüssige Eisen in eine „Pfanne", einen mit feuerfesten Steinen gefütterten Transportbehälter, fließen und befördert es zum Stahlwerk, oder man leitet es in das Masselbett. Das liegt am Fuß des Hochofens. Hier erstarrt das Eisen zu Masseln. Das sind Eisenblöcke mit einem Gewicht bis zu 1 000 kg. Von den Hochofenwerken des Reviers sind zwei nicht mit Gießereien und Stahlwerken verbunden. Sie verkaufen ihre Masseln. Die Masseln werden in den Gießereien in Schachtöfen, den

Fig. 41. Hochofenabstich. Das flüssige Roheisen läuft in das aus Sand aufgebaute „Masselbett“

Kupolöfen oder in *Siemens-Martin-Öfen* und anderen Ofen-Typen zusammen mit Zusätzen wie Schrott und Legierungen zu Gußeisen eingeschmolzen und schließlich zu Formgußstücken vergossen.

Das flüssig in das Stahlwerk gelieferte Roheisen wird zunächst in einem *Roheisen-Mischer* gesammelt und von dort verteilt. Zur Umwandlung in Stahl bestehen mehrere Möglichkeiten (Fig. 42): Das älteste Verfahren zur Gewinnung von Stahl in großen Mengen ist das *Bessemer-Verfahren,* benannt nach dem Engländer *Henry Bessemer,* der es entwickelt und eingeführt hat (1855/56). Es ist ein Windfrischverfahren (von frischen = Umwandlung des Roheisens in Stahl). Dabei befindet sich das zur Umwandlung in Stahl vom Hochofen angelieferte flüssige Roheisen in einem riesigen, kippbaren birnenförmigen Behälter, der *Bessemer-Birne* oder dem *Bessemer-Konverter* (von engl. to convert = umwandeln). Der Boden dieses Konverters hat bis zu 300 Luftdüsen, durch die beim „Erblasen“ des Stahls große Mengen Luft unter hohem Druck hindurchgepreßt werden. Diese Luft durchdringt das im Konverter befindliche Roheisen und führt zur Verbrennung der unerwünschten, weil für die Stahlqualität schädlichen „Eisenbegleiter“, wie Kohlenstoff, Silizium und Mangan. *Bessemer* hatte seinen Konverter mit einer chemisch sauren feuerfesten Ausfüt-

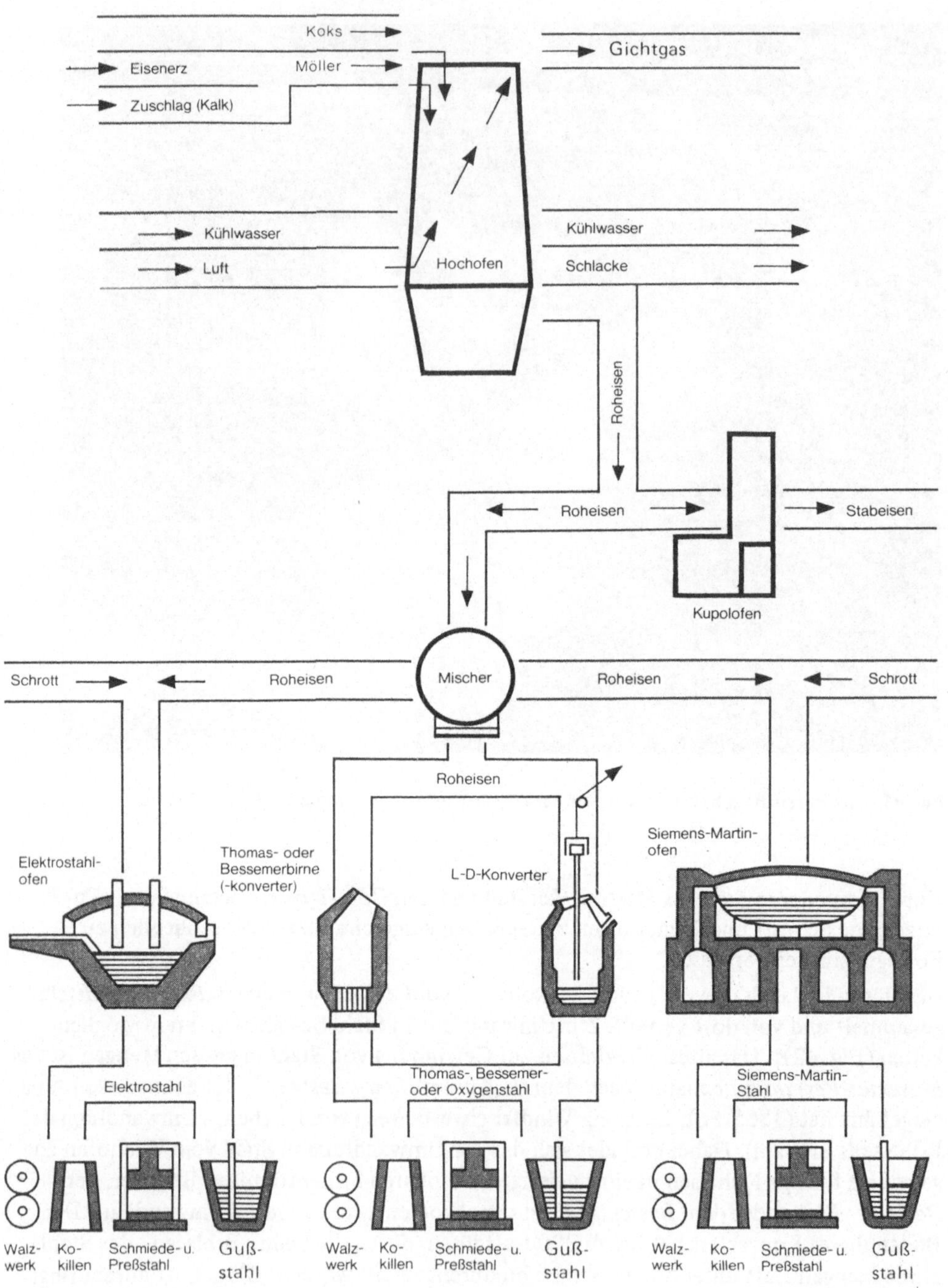

Fig. 42. Die Gewinnung von Roheisen und Stahl

terung aus Klebsand und Silikatstein versehen. Diese Ausfütterung hat den Nachteil, daß sie die in vielen Erzen und dem daraus gewonnenen Roheisen enthaltenen beträchtlichen Beimengungen von Phosphor nicht zu binden vermochte. Darum war das Bessemer-Verfahren nur auf wenige phosphorfreie Erzsorten anwendbar und ist nur in wenigen Hütten angewandt worden.

P. C. Gilchrist und *S. G. Thomas* erkannten diese Nachteile und fütterten den von ihnen entwickelten (1877) und nach *Thomas* benannten *Thomas-Konverter* mit basischem Material aus, und zwar mit Kalk. Heute benutzt man dazu ein mit wasserfreiem Teer gemischtes Dolomitfutter. Dieses Verfahren wurde bereits 1879 im Ruhrgebiet gleichzeitig in Hörde und in Meiderich angewandt und ständig vervollkommnet. Es ermöglichte die Massenverwendung der phosphorreichen Minette-Erze des damals zu Deutschland gehörenden Lothringens und Luxemburgs. Um den Phosphorgehalt des Roheisens noch stärker auszuschalten, fügt man dem Roheisen im Konverter 12–18 % des Roheisengewichts an Kalk zu. Beim Frischen mit Wind läßt es sich nicht vermeiden, daß der Stickstoffgehalt der Luft von rund 79 Volumen-Prozent als Ballast durch die Schmelze geblasen wird. Das ist unwirtschaftlich. Durch die Erhitzung des Stickstoffs werden der Schmelze große Wärmemengen entzogen, und außerdem verbleibt ein verhältnismäßig hoher Anteil dieses Stickstoffs im Stahl; dadurch werden seine mechanischen Eigenschaften ungünstig beeinflußt. Darum ging man dazu über, den Sauerstoffanteil der eingeblasenen Luft bis auf 45 % anzureichern. Die dabei entstehenden Temperaturen sind wesentlich höher als beim gewöhnlichen Windfrischen, die Oxydation der unerwünschten Eisenbegleiter wird beschleunigt, die Blaszeit auf etwa 20 Minuten verkürzt. Um die durch die höhere Temperatur (1450°–1600°) beschleunigte Abnutzung der feuerfesten Auskleidung des Konverters zu vermeiden, gibt man der Schmelze Erz oder Schrott hinzu und erhöht damit die Wirtschaftlichkeit. Der auf diese Weise erzielte Stahl ist wegen seines geringen Stickstoffgehaltes wesentlich besser als der nach dem ursprünglichen *Thomas-Verfahren* erzeugte und erreicht die Qualität des *Siemens-Martin-Stahls.* Füllen und Kippen, d.h. Entleeren, eingerechnet, kann etwa dreißigmal am Tag der Inhalt an Stahl in eine Transportpfanne gekippt werden. Die größten *Thomas-Konverter* haben ein Fassungsvermögen von 90 t. Beim *Thomas-Verfahren* entsteht die *Thomas-Schlacke,* die durch ihren hohen Phosphorsäure-Gehalt als wertvoller Kunstdünger geschätzt wird.
Wenn die sauerstoffangereicherte Luft durch die auf- und abschwenkende Birne geblasen wird, verbrennen unter ungeheurem Brausen und Funkensprühen die im Stahl unerwünschten Eisenbegleiter. Dabei entwickelt sich über dem Werk eine mächtige, gelbbraune Wolke, die weithin zu sehen ist.

Das *Sauerstoffaufblas-Verfahren* wurde in Österreich in den Hüttenwerken Linz und Donauwitz entwickelt und seit 1952 praktisch ausgewertet; deshalb wird es auch als *LD-Verfahren* bezeichnet. Seine rasche, weltweite Verbreitung wurde begünstigt durch die Entwicklung von Großanlagen zur Gewinnung von preiswertem, reinem Sauerstoff (Fig. 43). Die Umwandlung des Roheisens erfolgt in Gefäßen, die dem *Thomas-Konverter* ähnlich sind. Doch wird der Sauerstoff nicht durch den Konverter-Boden in das Roheisenbad eingeblasen, sondern mittels einer von oben in den Konverter herabgesenkten wassergekühlten kupfernen Lanze unter einem Druck von vier bis zwölf Atü auf das Bad geblasen. Es kann

Fig. 43. Werk Phoenix in Dortmund-Hörde, Europas zur Zeit größtes Oxygenstahlwerk

sowohl phosphorarmes wie phosphorreiches Roheisen verwendet werden. Bei phosphorreichem Roheisen wird zusammen mit dem Sauerstoff Feinkalk durch die Lanze eingeblasen; dadurch entsteht schnell eine reaktionsfreudige Schlacke, die eine wirkungsvolle Entphosphorung des Roheisens herbeiführt. Durch die Verwendung von reinem Sauerstoff entfällt in der Wärmebilanz der Stickstoffballast; das ermöglicht gegenüber dem *Thomas-Verfahren* eine Steigerung des Kühlschrott- oder Erzanteils bis auf 30 %. Auch dadurch wird die Wirtschaftlichkeit des *LD-Verfahrens* erhöht. Wesentlich für die Wirtschaftlichkeit ist aber die Steigerung der Behältergröße. Wegen der Lochböden konnte sie bei den *Thomas-Konvertern* über 90 t nicht hinausgehen. Die größten Sauerstoffaufblas-Konverter fassen z.Z. 350 t (z.B. *A. Thyssen* bei Duisburg). Doch besteht technisch keine Grenze nach oben. Es ist das zur Zeit wirtschaftlichste Verfahren der Stahlerzeugung. Mit seiner Hilfe kann man die gleiche Stahlmenge, zu deren Herstellung man mit dem *Thomas-Verfahren* eine Stunde benötigte, in 18 Minuten herstellen. Der erzeugte *Oxygen-Stahl* ist dem *Siemens-Martin-Stahl* gleichwertig. Der *LD-Konverter* läßt sogar die Erzeugung höchstlegierter Stähle zu. Es ist darum verständlich, daß die Stahlerzeuger im Ruhrgebiet sich mehr und mehr auf dieses Verfahren umstellen.

Das *Siemens-Martin-Verfahren* trägt seinen Namen nach seinen Erfindern *Wilhelm* und *Friedrich Siemens* und *Emile* und *Pierre Martin*; die Gebrüder *Martin* wandten es 1864 zum ersten Male an. Bei diesem Verfahren befindet sich das zu frischende Eisen in einem Flamm- bzw. Herdofen; das ist eine große, flache, feuerfest ausgemauerte Wanne. Über das Eisenbad streichen die Flammen einer sehr heißen Gas- oder Ölfeuerung. Durch die Wannenform kommt das Eisen in breiter Fläche mit dem für die Verbrennung der unerwünschten Eisenbegleiter erforderlichen Sauerstoff der Luft in Verbindung. Außerdem kann der Sauerstoff durch die Beigabe von sauerstoffabgebenden Stoffen wie Hammerschlag und Walz-Sinter angereichert werden. Die große Oberfläche und die geringe Tiefe des Bades ermöglichen einen guten Wärmeübergang zwischen Flamme und Einsatzgut und dazu eine große Berührungsfläche zwischen Stahl und Schlacke. Voraussetzung für das Verfahren ist eine Feuerung mit sehr hoher Temperatur (bis 2000°), die durch den von den Brüdern *Siemens* erfundenen „Regenerativofen" ermöglicht wird.
Der *Siemens-Martin-Ofen* kann ganz mit flüssigem Roheisen, aber auch mit Schrott und Masseln beschickt werden. Sein großer Vorteil gegenüber dem Windfrisch-Verfahren besteht darin, daß der Vorgang des Frischens während der etwa 20 Stunden seiner Dauer ständig beeinflußt werden kann. So kann man durch Zusatz bestimmter Legierungsstoffe, wie z.B. Chrom oder Kupfer, Sonderstähle mit bestimmten Eigenschaften, wie höhere Festigkeit und Zähigkeit und höhere Korrosionsbeständigkeit, erzeugen. Gewöhnlich werdem im *Siemens-Martin-Ofen* jedoch nur schwach legierte Stähle hergestellt, die zwischen normalen Stahlsorten und den eigentlichen hochwertigen Edelstählen stehen. Es gibt *Siemens-Martin-Öfen* als fest stehende Öfen (bis 900 t) und kleinere Kippöfen; die letzteren haben keine große Bedeutung mehr.
Edelstähle werden heute fast ausschließlich im *Elektro-Verfahren* hergestellt. Die Erzeugung von Stahl mit Hilfe der Elektrizität wurde erst möglich, als es gelang, große Strommengen mit höheren Spannungen zu liefern. Mit den ersten Versuchen begann man bereits um 1850, aber erst 1906 wurden gleichzeitig auf den *Röchlingschen* Eisen- und Stahlwerken in Völklingen an der Saar und auf den Stahlwerken von *Richard Lindenberg* in Remscheid die ersten Elektroöfen Deutschlands dauernd in Betrieb genommen. Es gleicht hinsichtlich der Art des Bades, der Verbrennung der Unreinigkeiten, der vielfältigen Zusammensetzung, ständigen Kontrollmöglichkeit und Beeinflußbarkeit des Frischgutes weitgehend dem *Siemens-Martin-Verfahren.* Die Art der Beheizung aber schließt jede Verunreinigung des Eisenbades, wie sie sich auch durch die Verwendung von Feuerungsgasen ergeben kann, aus. Die Beheizung erfolgt durch den elektrischen Strom mittels Lichtbogens. Dabei reichen große Kohlestäbe, Elektroden, von oben her in den Ofen hinein. Der zwischen den Elektroden und dem Schmelzgut überspringende Lichtbogen hat eine Temperatur von über 3000°. Um sie leicht entleeren zu können, sind die *Lichtbogenöfen* kippbar. Sie haben ein Fassungsvermögen bis zu 400 t. Das Einschmelzen des Einsatzes dauert ein bis drei Stunden, das Fertigschmelzen und Frischen eine halbe bis drei Stunden.

Für Sonderzwecke gibt es Hochfrequenztiegelöfen. Das sind *kernlose Induktionsöfen* mit einem tiegelförmigen Schmelzgefäß, das von einer wassergekühlten Kupferspule umgeben ist. Durch diese Spule wird Hochfrequenz- oder Mittelfrequenzstrom geleitet, der das Frischgut unter Bildung von Induktionsströmen erhitzt. Auch diese Öfen sind zum Kippen eingerichtet; sie werden für Einsätze von etwa 300 kg bis zu 15 t gebaut.

Die relativ teure Wärmequelle der Elektroöfen in Verbindung mit dem ungewöhnlich hohen Reinheitsgrad des erzeugten Stahls hat dazu geführt, daß in diesen Öfen nur Edelstähle hergestellt werden. Als Rohstoff benutzt man deshalb im Konverter bzw. im *Siemens-Martin-Ofen* bereits gefrischtes Roheisen, dazu ausgesucht hochwertigen Stahlschrott. Die eigentliche Stahlerzeugung, also die Entkohlung des Roheisens, findet in den Elektroöfen nicht statt. Durch Zusatz der Legierungsmetalle Chrom, Vanadin, Wolfram, Nickel, Kobalt, Molybdän lassen sich im Elektroofen die verschiedensten Sonderstähle und Legierungen herstellen.

1970 wurden in der Bundesrepublik Deutschland 45,04 Mio t. Stahl erzeugt. Daran hatte der Oxygen-Stahl einen Anteil von 25,14 Mio t, das sind 26 % mehr als 1969. Dagegen ging die Produktion von Thomas-Stahl um 46,5 % auf 3,6 Mio t zurück, die des Siemens-Martin-Stahls um 12,5 % auf 0,8 Mio t. Der Anteil des Elektrostahls stieg um 6,9 % auf 4,4 Mio t.

Der fertige Stahl kann zu Formstücken vergossen werden, er kann aber auch geschmiedet, gepreßt oder gewalzt werden. Für diese ***bildsame Stahlverformung*** muß der flüssige Stahl zunächst zu Blöcken vergossen werden. Für Schmiedezwecke, z. B. zur Herstellung von Schiffswellen, haben diese Blöcke oft ein Gewicht von 250 t und mehr. Der größte jemals gegossene Stahlblock ist ein Walzenlager, das 1968 in der „Westfalenhütte" der Hoesch AG in Dortmund gegossen wurde. Er wog 500 t.

Der meiste Stahl kommt in die Walzwerke, die in der Regel mit den Stahlwerken verbunden sind. Die Stahlblöcke werden zu Eisenbahnschienen, Profilstahl, Baustahl, Spundwänden, Drähten, Grobblechen (z. B. für den Schiffsbau), Feinblechen (z. B. für den Automobilbau) verarbeitet. Seit die *Gebrüder Mannesmann* um 1885 in Remscheid die Herstellung von nahtlosen Rohren erfunden haben, sind eigens Röhrenwerke entstanden, besonders in Duisburg, Mülheim, Witten. Geschweißte Rohre werden an verschiedenen Orten hergestellt. Für Gas-, Wasser- und Ölleitungen besteht ein zunehmender Bedarf an Rohren. Die Walzwerke benötigen bis fast 1 000 m lange Werkshallen. Sie arbeiten automatisiert, und der gesamte Fabrikationsprozeß wird elektronisch gesteuert und überwacht. Darum sieht man in diesen Hallen nur ganz wenige Menschen. Im übrigen findet gewalzter Stahl eine so vielfältige Verwendung, daß die einzelnen Walzwerke sich jeweils auf ganz bestimmte Erzeugnisse spezialisiert haben und in enger Zusammenarbeit die eingehenden Aufträge erledigen.

Der Umfang der Eisen- und Stahlproduktion wird aus der Übersicht in Tabelle 9 deutlich.

Tabelle 9

Eisen- und Stahlproduktion der Bundesrepublik Deutschland						Anteil des Ruhrgebietes 1965	1970
in Mio t						in %	
	1951	1960	1965	1969	1970		
Roheisen	17,6	25,7	27,0	33,8	33,63	65	63,2
Rohstahl	20,7	34,1	36,8	45,3	45,04	65	61,1

Damit ist das Ruhrgebiet allein mit je 30 % an der Gesamtproduktion der Montanunion beteiligt. Die Rohstahlproduktion ist anteilmäßig leicht rückläufig gegenüber den anderen Produktionsgebieten in der BRD, vor allem dem Saargebiet, weil die Kapazität an der Ruhr voll ausgelastet ist. 29 % des Ruhrstahls gingen 1969 in den Export, 1971 32 % (Fig. 44 und 45).

7.2.3. Rationalisierung und Unternehmenskonzentration

Auf dem Stahlmarkt ist das Prinzip des freien Wettbewerbs besonders ausgeprägt und von besonderer Härte. 1947 gab es auf der Welt 36 „Stahlländer“, 1970 bereits 80. Davon traten mehr als 30 als Exporteure auf. Kriegszerstörungen und Nachkriegsdemontagen hatten die Eisen- und Stahlindustrie an der Ruhr bereits zu modernen, rationell arbeitenden neuen Werksanlagen gezwungen. Der Preisdruck auf dem Weltmarkt führte zu weiteren Rationalisierungen, um wettbewerbsfähig zu bleiben. So mußte die Eisen- und Stahlindustrie des Ruhrgebiets innerhalb weniger Jahre vor 1969 mehrere Milliarden DM investieren. Allein ein neues Thyssen-Werk im Norden von Duisburg kostete mehr als 1 Mrd DM; in den Stahlwerken in Dortmund wurde zur Rationalisierung eine gleiche Summe investiert. 1969 wurden 1,2 Mrd DM investiert, 1970 weit über 2 Mrd DM; für 1971 wurden weitere Investitionen in Höhe von über 2 Mrd DM eingesetzt. Sie sind nötig für den Übergang zu immer größeren, leistungsfähigeren und kostengünstiger arbeitenden Hochöfen, Stahlkonvertern und Walzstraßen. Es ist kennzeichnend für die Standortsituation der eisen- und stahlschaffenden Industrie im niederrheinisch-westfälischen Industriegebiet, daß an der für Massenfrachten günstigen „Rheinreede“, wie der hafenreiche Niederrhein von Düsseldorf bis Emmerich neuerdings gern genannt wird, die Errichtung von Groß-Hochöfen (Krupp in Rheinhausen, Thyssen im Erzhafen Schwelgern) im Vordergrund der Investitionen steht, während in Dortmund (Hoesch – Westfalenhütte) die Erweiterung der Walzstraßen und der Bau einer Zinkal-Anlage (Verzinkerei), also Grundstufen der Verarbeitung und der Veredlung, begonnen wurde. Als Ersatz für zwei ältere Hochöfen wurde aber auch in Dortmund 1972 ein Neubau mit 110000 t Monatsleistung angeblasen.

1964 wurde mit 27,2 Mio t Roheisen und 37,3 Mio t Rohstahl (in der BRD) ein Höchststand in der Produktion erreicht. Damals konnte die Stahlkapazität zu 95 % ausgenutzt werden. Der Druck des Weltmarktes zwang 1966 zu einem Rückgang auf 25,5 Mio t Roheisen und auf 35,3 Mio t Rohstahl bei einer inzwischen erfolgten Kapazitätsausweitung auf 47 Mio t Rohstahl und einer Kapazitätsauslastung von nur 70 %. Der Preisdruck des Weltmarktes führte vorübergehend zu Produktionseinschränkungen. Durch Zusammenschluß verschiedener Firmen ergaben sich für die Eisen- und Stahlindustrie der BRD und damit auch des Ruhrgebietes eine günstigere Ausgangsposition und bessere Anpassungsmöglichkeiten an die Weltmarktlage und die Weltmarktpreise. In den Jahren 1969 und 1970 zwangen erhöhte Nachfragen zu einem bisher unbekannten Ausmaß der Produktion bei guter Ertragslage, der 1971 ein Rückgang um 10,5 % auf 40,3 Mio t folgte.

Auch auf dem Sektor der Eisen- und Stahlindustrie zeigt es sich, daß ein industrieller Großraum unter freien Wettbewerbsbedingungen ein höchst lebendiger und sehr empfindlicher

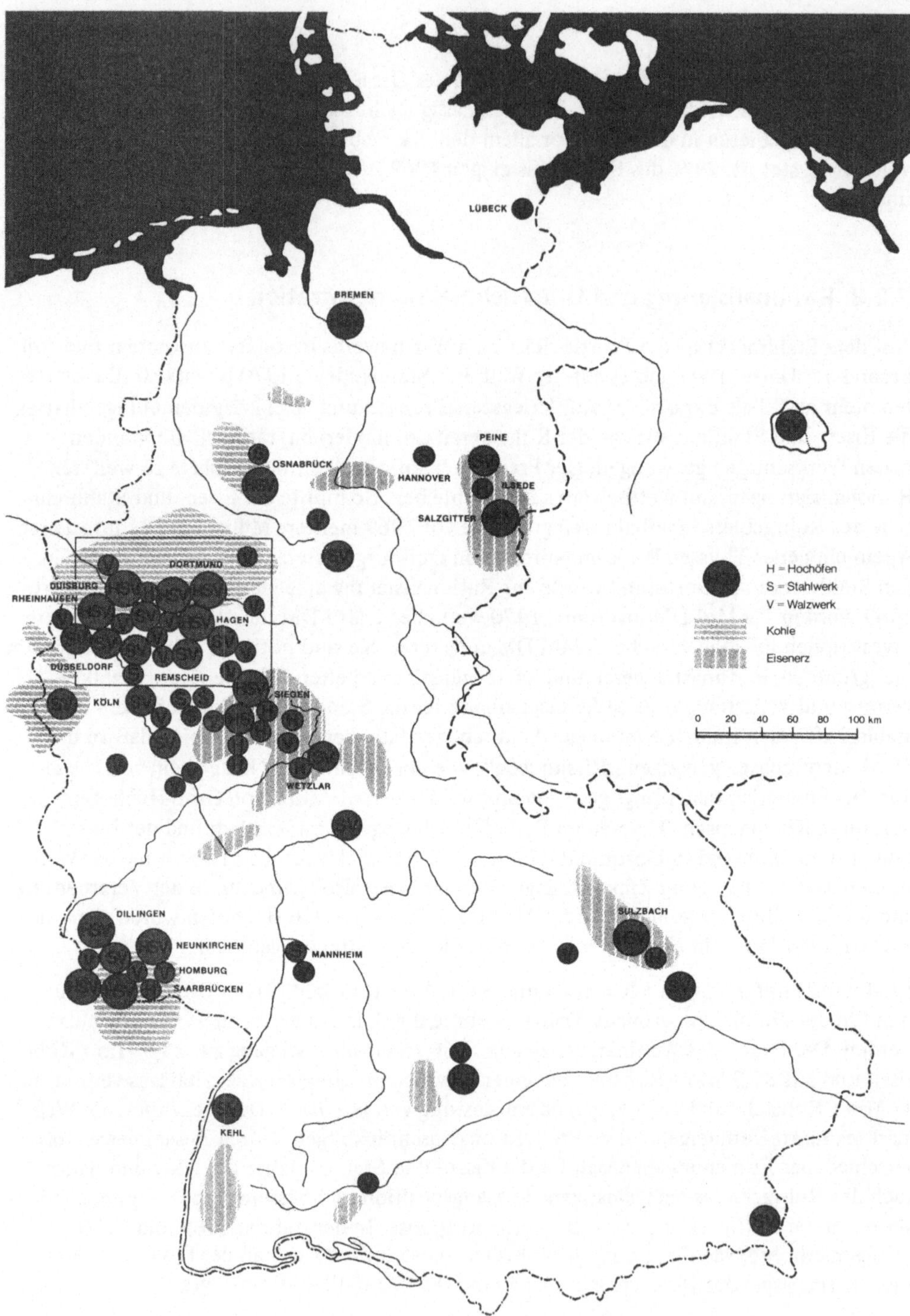

Fig. 44. Die Standorte der eisen- und stahlschaffenden Industrie und der Walzwerke in der Bundesrepublik Deutschland

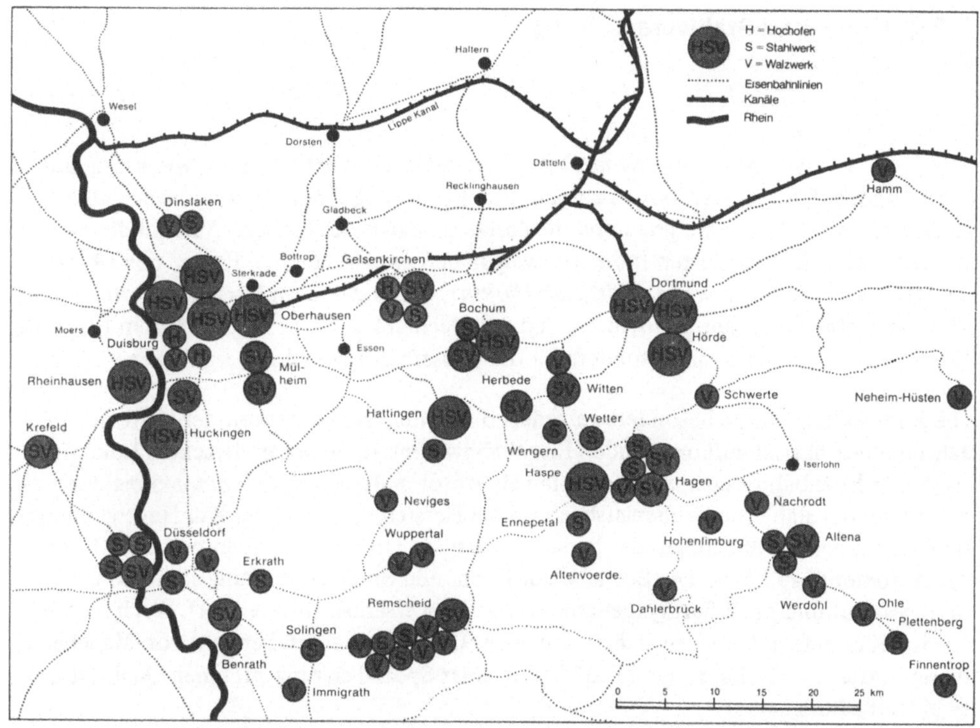

Fig. 45. Hochöfen, Stahl- und Walzwerke im Ruhrgebiet, im Sauerland und im Bergischen Land, 1970. Von den 80 Hochöfen, welche Ende Dezember 1970 in der BRD in Betrieb waren, standen 36 im Ruhrgebiet, davon allein 24 im Raum Duisburg

Organismus ist. Die Dynamik dieses Raumes wird sichtbar z. B. bei der Unternehmenskonzentration in Dortmund: Bei dem Werk „Phoenix" der Hoesch AG in Dortmund-Hörde traten anstelle der 11 Thomaskonverter 3 LD-Konverter mit einem Fassungsvermögen von je 300 t; anstelle von bisher 8 Hochöfen traten 3 leistungsfähige Großhochöfen; die Belegschaftszahl konnte von 23 000 auf 14 500 gesenkt werden, dennoch stieg die Rohstahlerzeugung um 10 %. Dieses Werk ist nunmehr das größte Oxygen-Stahlwerk Europas. Das Thomasstahlwerk der „Westfalenhütte" der Hoesch AG in Dortmund konnte stillgelegt werden. Anstelle des bisherigen Thomasstahls produziert die Unternehmungsgruppe heute den qualitätsmäßig wertvolleren Oxygen-Stahl.

Umwandlungen dieses Ausmaßes bleiben nicht ohne Einfluß auf die Physiognomie und die sozialgeographische Struktur des Industrieraumes. Rationalisierung, Automation und Unternehmenskonzentration verdrängten einen Teil der bisher in der Eisen- und Stahlindustrie tätigen Menschen in andere Branchen.

7.2.4. Eisen- und Stahlverarbeitung

Die Eisen- und Stahlverarbeitung im Ruhrgebiet geht in manchen Orten, wie Essen und Dortmund, auf ältere Traditionen zurück. Ihre Bedeutung erreichte sie zunächst als Zuliefererindustrie für den Bergbau und die übrige Industrie des Reviers. Auch in diesem heute so stark differenzierten Industriezweig haben zwei Männer zu Beginn des 19. Jahrhunderts wegweisend gewirkt: *Friedrich Harkort*, der in der alten Burg von Wetter an der Ruhr eine Maschinenfabrik eröffnete, und der Mechanikus *Franz Dinnendahl* in Essen, der Dampfmaschinen baute, insbesondere für die Wasserhaltung in den Bergwerken.

Die Entwicklung wurde besonders gefördert durch den Bedarf des seit der Mitte des 19. Jahrhunderts überall aufkommenden Eisenbahnwesens an Schienen, Brücken, Lokomotiven und Eisenbahnwagen. Später kamen als Motoren der weiteren Entwicklung der Schiffbau, der stählerne Grubenausbau und die Herstellung moderner Kohlengewinnungsmaschinen, der Stahlhochbau, der Bedarf der Bauindustrie und der Landwirtschaft und der Automobilbau hinzu. Die Betriebe der Eisen- und Stahlverarbeitung sind räumlich breit gestreut und nach Fertigerzeugnissen fast unübersehbar differenziert. Auch die Betriebsgrößen sind außerordentlich verschieden. Der Mittelbetrieb herrscht vor. Manche dieser Mittelbetriebe haben dabei auf Grund einer Spezialisierung auf einen Qualitätsartikel Weltgeltung.

Haupterzeugnisse sind: Komplette Bergwerks-, Hütten- und Walzwerkseinrichtungen (Krupp-Maschinen- und Stahlbau Rheinhausen, DEMAG in Duisburg, Gutehoffnungshütte in Oberhausen); Brücken, Stahlskelette für Hochhäuser werden besonders in Dortmund zur Montage vorbereitet. Werkzeugmaschinen (besonders in Dortmund), Brauerei-, Getränke- und Molkereimaschinen (Dortmund), Bagger, Lokomotiven, Lastwagen, Traktoren, Automobile (Opel in Bochum), Material zum Schacht- und Streckenausbau, Abbaumaschinen, Förderanlagen und andere Teilausstattungen der Kohlenförderung und -verarbeitung; Herde, Öfen, Großküchenanlagen, Tresore, schwere Kolbenmaschinen und Turbinen (Oberhausen, Mülheim), Kessel, Großbehälter, Spezialwaggons. Der Raum um Hagen, bereits außerhalb des eigentlichen Reviers, weist ebenfalls eine außerordentlich vielseitige Industrie der Eisen- und Stahlverarbeitung auf, die dort das Wirtschaftsleben behersscht. Im Gegensatz zu den Orten der Schwerindustrie nördlich der Ruhr stehen hier Erzeugnisse kleineren Formats im Vordergrund der Produktionsprogramme der zahlreichen, zumeist kleineren Betriebe. Es sind Werkzeuge, dazu überwiegend Tausende verschiedener Einzelteile für Auto-, Eisenbahn-, Schiffbau und Elektroindustrie. Hier beginnt das Gebiet der *sauerländer Kleineisenindustrie,* deutlich abgesetzt von der Schwerindustrie im Ruhrgebiet.

So sind also der Bergbau und die Eisen- und Stahlgewinnung zwar die dominierenden, aber nicht die alleinigen Träger der industriellen Struktur des Reviers; die Eisen- und Stahlverarbeitung kommt als wesentlicher Industriezweig hinzu. Sie ist eine der Schlüsselindustrien des Reviers. Das wird sichtbar aus der Gegenüberstellung in Tabelle 10.

Diese drei Zweige beschäftigten 1970 67 % aller in der Industrie des Reviers tätigen 832000 Arbeitskräfte und waren mit 58 % am Umsatz von 53,924 Mrd DM der gesamten Industrie beteiligt.

Tabelle 10: Von der Gesamtindustrie dieses Raumes entfielen 1970 auf

	Beschäftigte	Umsatz
Kohlenbergbau	24,5 %	12,7 %
Eisen- und Stahlgewinnung u. verformung	22,7 %	30,3 %
Eisen- und Stahlverarbeitung (Stahl- u. Eisenbau und Maschinenbau)	20,2 %	15,3 %

8. Die übrige Industrie

8.1. Kohlechemie

1849 wurde erstmals in Mülheim an der Ruhr Eisen mit Hilfe von Koks erschmolzen, der aus den Ruhrkohlearten Eß- und Fettkohle erzeugt worden war. Das war die Grundlage für die standortliche Bindung der Eisenerzeugung „auf der Kohle". Dank dieser engen räumlichen Bindung sind heute über 90 % der gesamten Kokserzeugung der BRD im Ruhrgebiet konzentriert. Dabei werden rd. 40 % der verwertbaren Kohleförderung als Einsatzkohle in den Zechenkokereien verwendet. Die Verkokung erfolgt unter Luftabschluß; sie liefert außer dem Koks die *Kohlenwertstoffe.* Das sind neben dem Kokereigas Teer mit etwa 3 %, Rohbenzol mit 1 % und Ammoniak mit 1 % der eingesetzten Kohlemenge. Teer, Ammoniak und Rohbenzol werden aus dem rohen Koksofengas auf den Kokereien gewonnen (Fig. 46).

Der gewonnene *Rohteer* wird in zehn im Ruhrgebiet betriebenen Teerdestillationen außer zu Pech und Teeröl zu zahlreichen der insgesamt 286 im Teer nachgewiesenen chemischen

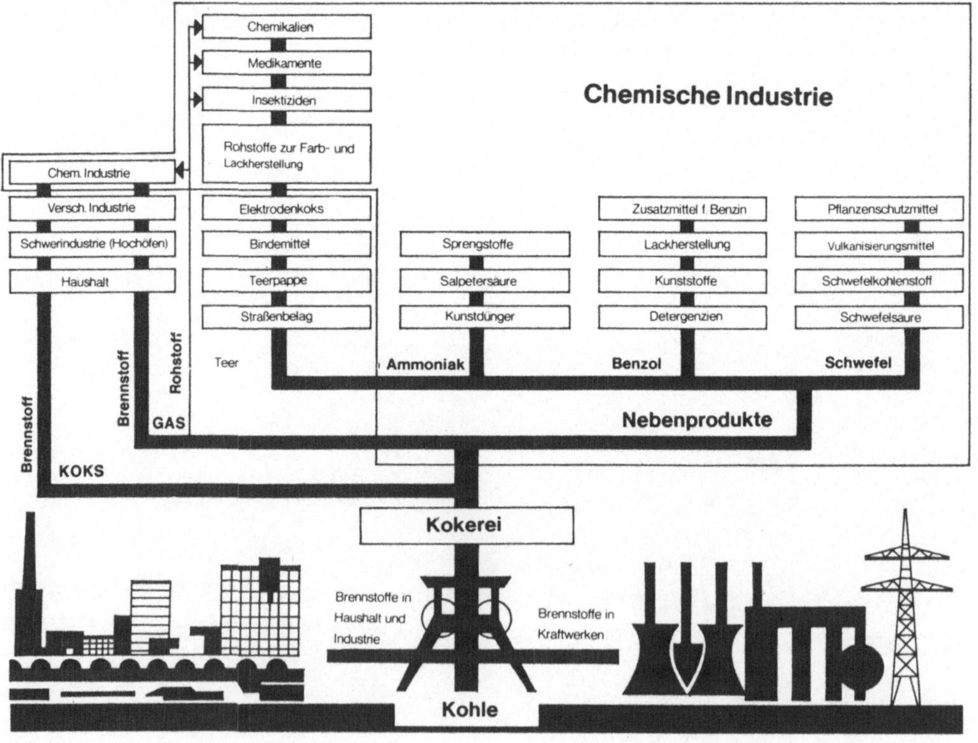

Fig. 46. Die Kohle und ihre Verwendung

Bestandteile aufgearbeitet. Diese Produkte stellen wichtige Rohstoffe für die organische Großchemie, für Arzneimittelfabriken und für die Teerfarbenfabriken dar. Dabei gehen die Zechenkokereien mehr und mehr dazu über, in eigenen Anlagen einzelne der aus der Teerdestillation gewonnenen Ausgangsstoffe zu Zwischenprodukten zu verarbeiten, die als solche an die chemische Industrie geliefert werden.

Die gleiche Tendenz besteht beim *Rohbenzol.* Es wird in Zentralanlagen aufgearbeitet und zum Teil als Zusatz zu Kraftstoffen abgesetzt. Der größere Teil jedoch wird in Reinbenzol und verwandte Stoffe zerlegt und bildet Rohmaterial für die chemische Industrie, insbesondere für die Kunststoffherstellung. In Verbindung mit einem Nebenprodukt der Erdölraffinerien, dem Propylen, wird die Synthese von Phenol durchgeführt.

Das Max-Planck-Institut für Kohlenforschung in Mülheim/Ruhr entwickelte 1953/54 ein wirtschaftliches Verfahren zur Herstellung von *Polyäthylen-Kunststoffen.* Das gasförmige Äthylen als Ausgangsprodukt ist im Koksofengas enthalten.

Ammoniak wird in gebundener Form (Rohphosphate) als Düngemittel abgesetzt. In den mit dem Bergbau verbundenen Stickstoffsynthesewerken wird aus dem durch die Zerlegung des Koksofengases gewonnenen Wasserstoff und aus Luftstickstoff synthetisches Ammoniak hergestellt. Die BRD ist einer der bedeutendsten Stickstoff-Hersteller der Welt; 50 % davon liefert das Ruhrgebiet.

Aber nicht nur die Neben- und Abfallprodukte der Kokserzeugung sind die Grundlage der Kohleveredlung. *Friedrich Bergius* gelang während des I. Weltkrieges in Essen erstmalig die Umsetzung des Kohlenstoffanteils der Kohle in flüssige Kohlenwasserstoffe (Benzin), und zwar mit Hilfe eines Hochdruckverfahrens. Damit war das *Hydrierverfahren* erfunden. Es wurde 1925 von den Chemikern *Fischer* und *Tropsch* vom heutigen Max-Planck-Institut für Kohlenforschung in Mülheim verbessert, das die Benzinsynthese mit Hilfe von normalen Drücken ermöglichte. Nach beiden Verfahren wurden im letzten Krieg Benzin und Dieselöl hergestellt. Die Herstellerbetriebe mußten nach dem II. Weltkrieg demontiert werden. Unter Verwendung dieser Standorte entstanden neue Werke, aber nicht mehr auf der Grundlage von Kohle, sondern von Mineralöl. Weder das Bergius- noch das Fischer-Tropsch-Verfahren ist der Benzinherstellung aus Mineralöl wirtschaftlich gewachsen. Erdölraffinerien haben deshalb die Hydrierwerke abgelöst.

Es hat lange gedauert, ehe man erkannte, daß Kohlenveredlung den Wert der geförderten Kohle nicht nur steigerte, sondern auch ihre Absatz- und Verwendungsmöglichkeiten vermehrte. Die ersten Kokereien „fackelten“ ihr *Gas* ab, d. h. sie verbrannten es. Danach verwandte man es als Brennstoff in Glashütten, Eisenhütten, zum Betrieb von Dampfkesseln und zur Elektrizitätserzeugung. Noch allgemeiner aber wurde die Bedeutung des gereinigten Koksofengases als Leucht- und Heizgas für Straßenbeleuchtung und Haushaltung. Als erste Gemeinde wurde 1866 Herne von einer nahe gelegenen Zechenkokerei mit Leucht- und Heizgas versorgt. Die erste Ferngasleitung verlegte *August Thyssen* 1910 von Mülheim nach Barmen (heute Stadtteil von Wuppertal). Es ist der erste Versuch für ein Ferngasnetz, das jetzt die ganze BRD umfaßt, von dem die Ruhrgas AG einschließlich der angeschlossenen Leitungen einen Anteil von 3871 km besitzt (1970). Trotz der zunehmenden Konkurrenz von deutschem und vor allem niederländischem Erdgas übernimmt das bundesdeutsche Ferngasnetz einen beträchtlichen Teil der jährlich im Ruhrgebiet erzeugten Kokereigasmenge, 1970 38 % von 18,5 Mrd m^3.

Die in rascher Folge aus den hochragenden Koks-Löschtürmen aufquellenden weißen Wasserdampfwolken sind ein auffälliges Attribut der Industrielandschaft an der Ruhr; sie kennzeichnen über viele Kilometer hinweg die Lage der Kokereien.

8.2. „Nichtkohlechemie" und Mineralölindustrie

Die Nichtkohlechemie des Ruhrgebietes erzeugte bisher vor allem Massenprodukte wie Schwefelsäure, Soda, Salzsäure, Zinkweiß, Lithopone, Zellstoff, Sicherheitssprengstoff für den Bergbau u. a. Sie war wesentlich weniger wichtig als die Kohlechemie und ohne besondere örtliche Schwerpunkte über das ganze Revier verstreut. In den Jahren nach dem II. Weltkrieg hat sie an Bedeutung gewonnen. Das größte Unternehmen sind heute die *Chemischen Werke Hüls* (CWH) in Marl-Hüls bei Recklinghausen (Fig. 47 und 48). Dieser Betrieb gilt als ein typischer Vertreter der Petrochemie. In einem komplizierten Verbundsystem von 21 Werken der chemischen Industrie, von Raffinerien und mit dem Erdgasfeld bei Bentheim im Emsland bezieht das Werk über ein Rohrleitungsnetz von 654 km Länge all die Ausgangsstoffe, die es für seine Erzeugnisse benötigt: vor allem Erdgas, Raffineriegas, Flüssiggas, Propylen, Propan, Benzol, Aethylen, Butan, Butadien, Butylen. Dieser Verbund ist nicht einseitig; die CWH beliefern andere Werke z. B. mit Wasserstoff und Cumarol. Es ist das erste Werk der Petrochemie im Revier. Insgesamt werden 22 verschiedene Stoffe befördert. Der Verbundraum umfaßt nicht nur die wichtigsten Ruhrgebietsstandorte der Chemie, zwischen Emscher und Lippe, sondern auch den Raum um Duisburg,

Fig. 47. Die Chemischen Werke Hüls (CWH) in Marl sind das bedeutendste Unternehmen der Nichtkohle-Chemie im Ruhrgebiet

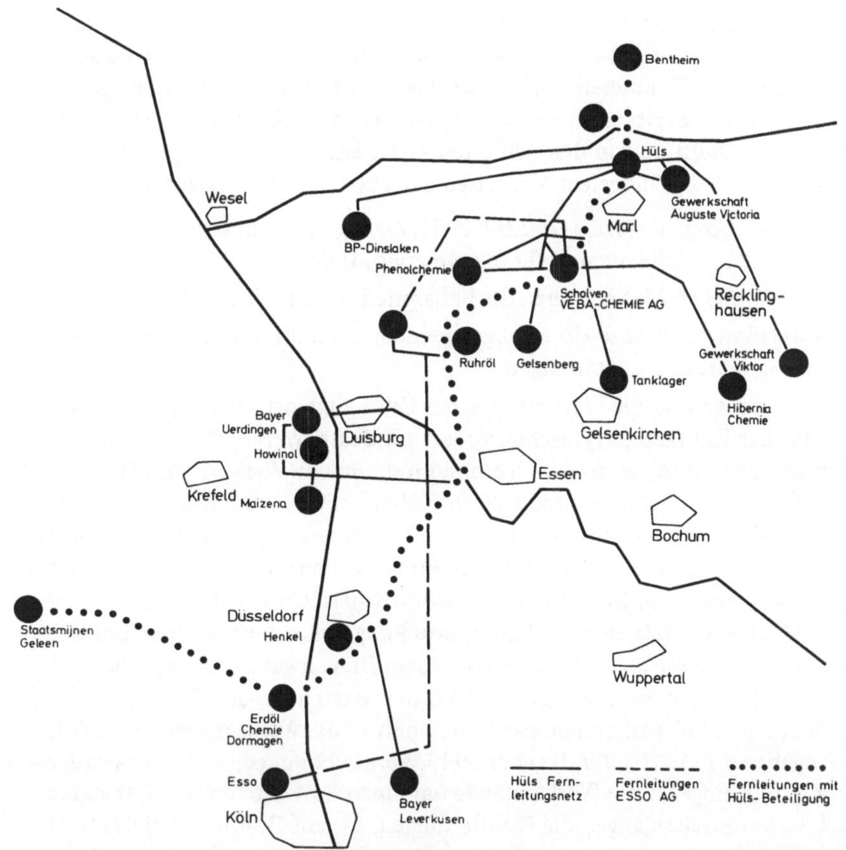

Fig. 48. Die CWH sind ein großartiges Beispiel für die Verbundwirtschaft in der Petrochemie

Düsseldorf (Henkel-Werke) und Köln (Bayer-Leverkusen und Esso-Raffinerie). Vor allem mit Rücksicht auf eine ausreichende Versorgung mit Aethylen als dem wichtigsten Ausgangsstoff wurde der Aethylen-Verbund über die Landesgrenzen hinaus 1968 durch eine 200 km – Pipeline bis nach Geleen, Holland, erweitert; durch eine weitere Leitung bis in den Frankfurter Raum soll ein Aethylen-Potential von mehr als 800 000 t/Jahr miteinander verbunden werden.

Das Herstellungsprogramm der CWH-Gruppe ist recht vielseitig:

Die *Chemischen Werke Hüls AG* (CWH) produzieren Kunststoffe, Kunststoff-Hilfsprodukte, Weichmacher, Lackrohstoffe, Waschrohstoffe, Rohstoffe für Textilhilfsmittel, Kautschuk-Hilfsprodukte u. a.

Die Bunawerke Hüls GmbH (BWH) sind das Stammwerk der CWH. Kohle und Erzeugnisse der Kohleverwertung waren die Rohstoffgrundlage. 1938 gegründet, erzeugte das Unternehmen ab 1940 unter Verwendung des Lichtbogen-Verfahrens durch Spaltung von Kohlenwasserstoffen aus Acetylen und Aethylen die Grundstoffe für die Herstellung von synthetischem Kautschuk (Buna), Butadien und Styrol. Bereits damals bestand ein Verbund insofern, als benachbarte Kohle-Hydrierwerke mit den Hydriergasen Kohlenwasserstoffe lieferten, während die Kokereien des Reviers das für die Styrol-Produktion benötigte Benzol bereitstellten. Durch Zerlegung von Koksofengas wurde Rohaethylen gewonnen. 1948 wurde die Buna-Produktion von den Alliierten verboten, 1951 wieder gestattet und die Produktionskapazität bei geändertem Verfahren auf 160 000 Jahrestonnen erweitert.

Die Katalysatorenwerke Houdry – Hüls GmbH (KWH) erzeugen Katalysatoren für die chemische Industrie, für die Petrochemie und für die Mineralöl-Industrie.

Die Faserwerke Hüls GmbH (FWH) erzeugen die bekannte Polyesterfaser Vestan.

Die Stereokautschuk-Werke GmbH u. Co erzeugen gemeinsam mit Bayer-Leverkusen Polybutadien-Kautschuk in Marl und in Dormagen.

Die Standortvoraussetzungen für die Werksgruppe der CWH sind viel komplexerer Natur als diejenigen der für das Ruhrgebiet typischen anderen Industriewerke. Diese Voraussetzungen bestanden von vornherein in dem Verbund mit anderen Werken: mit Hydrierwerken (heute Raffinerien) in Scholven und Gelsenkirchen, mit Zechen, Kokereien und Stickstoffwerken. Dieser Verbund ist im Laufe der Zeit Änderungen unterworfen gewesen, hat insgesamt aber zu einer starken Ausweitung der Einzelbetriebe und zu einer räumlichen Verdichtung der petrochemischen Industrie im nordwestlichen Revier geführt, für welche die Anlagen der CWH in Marl-Hüls eine Art Schlüsselstellung einnehmen. Weitere Standortvoraussetzungen waren große Mengen an industriellem Brauchwasser und ausreichende Freiflächen für die weitläufigen Werksanlagen und für den Wohnungsbau. Dagegen war nicht einmal ein Bahnanschluß vorhanden. Heute beschäftigt die Werksgruppe rd. 18 000 Menschen (alle Angaben: 1. 1. 70), für die über 5943 Werkswohnungen errichtet worden sind. Das 5,2 km^2 große eingezäunte Werksgelände hat einen Bestand von 862 Gebäuden, 77 km Gleis- und 41 km Straßenlänge; die Rohrleitungen, die auf Rohrbrücken das Werksgelände durchziehen, haben eine Länge von 910 km. Der jährliche Bedarf an industriellem Brauchwasser, das der benachbarten Lippe und dem Lippe-Seiten-Kanal entnommen wird, beträgt 303 Mio m^3. Der Strombedarf mit 3,4 Mrd kWh entspricht 2 % des Bedarfs der gesamten Bundesrepublik Deutschland. Für die beiden von den Anlagen der CWH beherrschten Gemeinden Marl und Hüls bedeutete die Errichtung der Werke einen Bevölkerungsanstieg auf 80 000 Einwohner.

Das Ruhrgebiet ist mehr und mehr auch zum Standort von *Erdölraffinerien* geworden. Zehn von 34 deutschen Raffinerien haben ihren Standort um Gelsenkirchen und entlang dem Niederrhein zwischen Wesel und Köln (Fig. 49). Ihre Rohöl-Verarbeitungskapazität beträgt 37,8 Mio t, die der gesamten BRD 116,0 Mio t (1970). Da sie mit ihren Abfallprodukten vielfach im Verbund mit der Nichtkohlechemie des Reviers stehen, ist diese Kapazität bedeutungsvoll für deren Entwicklung. Sie erhalten ihr Rohöl durch Pipelines von den Seehäfen Wilhelmshaven und Rotterdam. Für die Standortwahl war nicht nur der große Konsumraum des Bundeslandes Nordrhein-Westfalen maßgebend, sondern auch die Verwertung von Nebenprodukten und Abfallstoffen der Erdölraffinerien in Werken der Petrochemie und in einem großartigen Verbund von Petrochemie und Kohlechemie.

Dieser Verbund wird noch wirkungsvoller werden, wenn die im eigentlichen Ruhrgebiet ansässigen fünf Raffinerien in den nächsten Jahren ihre Kapazität von 19,15 Mio t (1970),

Fig. 49. Aral-Tankanlage am Rhein-Herne-Kanal, Gelsenkirchen

wie geplant und vorbereitet, auf 43 Mio t ausweiten. Eine zweite Pipeline von Wilhelmshaven mit einem Durchmesser von 102 cm soll bis 1972 für die zusätzliche Rohöl-Versorgung verlegt werden.

8.3. Elektroindustrie

Die Elektroindustrie beschäftigte im Ruhrgebiet vor dem II. Weltkriege nur 6000 Menschen, 1970 dagegen rd. 62000 mit einem Umsatz 2,7 Mrd DM. Beschränkte sich die Produktion vor dem Krieg vorwiegend auf Generatoren und Dampfturbinen (Mülheim), auf Kabel (Duisburg) und auf Grubenlampen (Dortmund), so ist heute das Produktionsprogramm wesentlich vielseitiger geworden. Als die Großunternehmen der Elektroindustrie, wie AEG, Siemens und BBC, durch Zerstörung und Demontage nach dem Krieg ihre Werke in Berlin verloren, errichteten sie im Ruhrgebiet neue Zweigbetriebe mittlerer Größe, vor allem auf dem ehemals Kruppschen Werkgelände in Essen, dazu in Mülheim. Hinzu kamen Unternehmer, die aus Mitteldeutschland vertrieben worden waren. Einen attraktiven Standortfaktor für die Elektroindustrie bildeten die freiwerdenden Arbeitskräfte in ehemaligen Bergbaugemeinden und das für das Revier alter Prägung typische hohe Angebot von weiblichen Arbeitskräften. So trug die Ansiedlung von Werken der Elektroindustrie zur Strukturverbesserung des Reviers bei. In Bochum stellt die Firma Graetz mit 3000 Arbeitskräften Fernsehgeräte her, im benachbarten Herne bauen die Blaupunktwerke mit 1300 Beschäftigten Radio- und Fernsehzubehörteile, in Gladbeck produziert die Siemens AG mit 2500 Beschäftigten Geräte, Apparate und Zubehörteile der Fernsprechtechnik, in Essen stellen die AEG Turbinen, Gebläse und Kondensatoren her. Weitere Betriebe der Elektroindustrie arbeiten in Dortmund, Duisburg und Witten.

8.4. Glasindustrie

Das Ruhrgebiet ist einer der Hauptstandorte der deutschen Glasindustrie. Zur Herstellung von Glas benötigt man vor allem Quarzsand, Soda und Kalk. Wesentlicher aber als diese Rohstoffe, die zum Teil im Revier selbst oder in seiner unmittelbaren Nähe vorhanden sind, ist die Energie für den Schmelzvorgang. Darum entwickelte sich die Glasindustrie, die in ihren Anfängen bereits vor 200 Jahren in der Nähe der Ruhr vorhanden war, erst zu einer Zeit, als der Kohlenbergbau und insbesondere die Kokereigaserzeugung eine hohe Leistung erreicht hatten, zu Ende des 19. Jh. Gas lieferte damals die höchste und am besten zu regulierende Schmelzwärme. So ist die Glaserzeugung also ursprünglich eine Nachfolgeindustrie der Kohlenveredlung.

Heute ist das Gas als Brennstoff weitgehend durch Mineralöl verdrängt worden. Das Revier ist der Standort für vier sehr moderne Flachglashütten, allesamt Großbetriebe, in Witten-Crengeldanz, Gelsenkirchen-Rotthausen, Gelsenkirchen-Schalke und Wesel (seit 1956) und für fünf Hohlglashütten in Essen-Karnap, Essen-Steele, Altlünen, Haltern und Oberhausen. Sie haben ein umfassendes Fertigungsprogramm, das wesentlich mitbestimmt wird durch den volkreichen nordrhein-westfälischen Konsumraum. Die Flachglas-Produktion ist gekennzeichnet durch Tafelglas, Spiegelglas, Verbundsicherheitsglas, Einscheibensicherheitsglas, Spiegel, Sonnenschutzgläser; in Schalke werden u.a. auch Glasbausteine hergestellt. In der Hohlglas-Produktion sind vor allem Industrie-, Konserven-, Verpackungs-, Haushalts-, „Wirte"gläser und Getränkeflaschen zu nennen. Die Glasindustrie beschäftigte 1971 rd. 15000 Arbeitskräfte.

8.5. Brauindustrie

Die zahlreichen Brauereien des Reviers dienten ursprünglich allein der lokalen Bedarfsdeckung. Sie waren in allen Städten ansässig und arbeiteten als Kleinbetriebe in handwerklicher Form, oft in Verbindung mit dem Bäckerhandwerk. Die Entwicklung zu wenigen Großbrauereien hatte zwei Ursachen: Einmal stieg mit dem Anwachsen der Bevölkerung der örtliche Konsum, zum anderen wurde von Dortmund aus ein besonders lagerfähiges Bier eigener Geschmacksrichtung entwickelt, der „Dortmunder Typ". Es fand soviel Anklang, daß es über den lokalen Verbrauch hinaus in alle Teile Deutschlands und in viele andere Länder verkauft wurde. Heute kann man von einem weltweiten Export sprechen. Aus einem lokalen Konsumgut wurde ein Exportartikel. Allein Dortmund hat mit rd. 250000 hl einen Anteil von 19,1 % am gesamten deutschen Bierexport.

Im Ruhrgebiet gibt es 28 Brauereien. Sie beschäftigen rd. 10000 Menschen. Ihr Ausstoß betrug 1970 mit 11,9 Mio hl 1/7 des Gesamtausstoßes aller bundesdeutschen Brauereien. Die Hauptstandorte sind Duisburg, Essen, Bochum und vor allem Dortmund mit sieben

Großbrauereien, von denen drei einen Jahresausstoß von je über 1 Mio hl haben. Mit einem Gesamtausstoß von 7,5 Mio hl (1970) ist Dortmund nach Milwaukee/USA die größte Bierstadt der Welt.

8.6. Textil- und Bekleidungsindustrie

Trotz der nur zu einem Teil genutzten weiblichen Arbeitskräfte hatte die Textilbranche vor dem II. Weltkrieg im Ruhrgebiet keine besondere Bedeutung. Erst nach dem Krieg entwickelten sich altansässige Betriebe der Bekleidungsindustrie zu größeren Unternehmungen. Hinzu kam die Ansiedlung von Flüchtlingen aus Ost- und Mitteldeutschland, die zu einigen Schwerpunkten führte. In Gelsenkirchen ist nun die Damenoberbekleidung in so starker Konzentration vertreten, wie sie vor dem Krieg nur in Ost- und Mitteldeutschland und vor allem in Berlin vorhanden war. Dabei wird das Produktionsprogramm ständig ausgeweitet; Herrenoberbekleidung, Wäsche, Berufskleidung und Pelzkonfektion kamen hinzu. In Gladbeck ist eine der dort ansässigen zwei Kleiderfabriken ein mehrstufiges Unternehmen; vorwiegend aus selbstgewebten, aber auch aus fremdbezogenen Stoffen wird neben der ursprünglich auf Herrenoberbekleidung beschränkten Endproduktion nunmehr auch Damenoberbekleidung hergestellt. Beides wird in eigenen Verkaufsstellen, die in vielen größeren Städten unterhalten werden, dem Endverbraucher direkt angeboten. Ein weiteres Zentrum ist Recklinghausen mit Hemden- und Hutfabrikation. In Duisburg sind vor allem mittlere Betriebe der Uniform- und Miederwarenfabrikation zu nennen. Die Bekleidungsindustrie hat sich also innerhalb weniger Jahrzehnte inmitten eines großen Absatzmarktes entwickelt. Um der Konkurrenz mit billiger Stapelware zu begegnen, wird durchweg eine bessere qualitative wie auch modische Ausrüstung angestrebt. Auffallend ist die beachtliche räumliche Konzentration im vestischen Teil des Reviers mit Gelsenkirchen, Gladbeck und Recklinghausen als Mittelpunkten. Für diesen Raum bietet die Bekleidungsindustrie mit im Revier insgesamt rd. 20000 Beschäftigten und einem Jahresumsatz von 3/4 Mrd DM (1970) eine spürbare Strukturverbesserung.

8.7. Die Bedeutung der wichtigsten Industriezweige

Die Bedeutung der wichtigsten Industriezweige nach der Zahl der Beschäftigten und dem Wert des Umsatzes wird deutlich aus einer Zusammenstellung für die Handelskammern des Ruhrgebietes (Tabelle 11). In diese Aufstellung ist nicht einbegriffen der Bezirk der Handelskammer Hagen, die den Südosten des Gebietes des Siedlungsverbandes für den Ruhrkohlenbezirk umfaßt und nicht zum eigentlichen Revier gehört.

Hinsichtlich der Standorte der verschiedenen Industriezweige läßt sich für den Kernraum des Reviers beiderseits der Emscher vereinfachend folgende Faustregel aufstellen:

Südlich der Emscher, im Hellweg-Gebiet zwischen Duisburg und Dortmund, bilden Eisen und Kohle die Schwerpunkte, nördlich der Emscher sind es Kohle und Chemie. Industriell verdichtet werden beide Zonen durch weiterverarbeitende Betriebe, durch Werke für Konsumgüter und durch Ergänzungsindustrien.

Tabelle 11: Beschäftigte und Umsätze in der Industrie des Ruhrgebietes (Betriebe mit 10 und mehr Beschäftigten, ohne Bauindustrie)

Industriezweig	Beschäftigte		Umsätze Januar bis Oktober 1969	
	Oktober 1969	Veränderung 1969 / 1968 in %	in Mio DM	Veränderung 1969 / 1968 in %
Kohlenbergbau	203 170	− 3,5	4 699,7	+ 3,7
Eisenschaffende Industrie	161 161	+ 1,0	10 777,6	+ 21,1
Stahl- und Eisenbau	40 220	+ 6,1	1 233,2	+ 29,7
Maschinenbau	72 874	+ 8,8	2 258,2	+ 19,5
Elektro-industrie	44 651	+ 10,0	1 466,5	+ 22,8
Chemische Industrie	40 883	+ 5,0	2 981,1	+ 17,0
Mineral-ölverarbeitung	7 528	+ 5,0	3 427,6	+ 11,0
Industrie insgesamt	765 235	+ 2,0	37 124,5	+ 16,4

1) Betriebe mit 10 und mehr Beschäftigten (ohne Bauindustrie).

9. Landwirtschaft

9.1. Die natürlichen Voraussetzungen

Relief, Klima, Boden und Grundwasserverhältnisse sind die entscheidenden natürlichen Voraussetzungen für die Landwirtschaft. Das *Relief* verursacht keine nennenswerte Erschwerung für die landwirtschaftliche Nutzung. *Klimatisch* gehört das Ruhrgebiet zum atlantisch bestimmten Bereich Europas. Seine Kennzeichen sind ein kühler Sommer (Juli 17° C), ein oft bis in den Dezember anhaltender trocken-warmer Herbst, ein milder Winter (Januar 1,0° C) und ein langgezogenes, naßkaltes Frühjahr. Die vorherrschenden Winde von SW bis NW bringen mit 750–900 mm im Jahr bei 160–180 Regentagen ausreichende Niederschläge und hohe Luftfeuchtigkeit. An 235 bis 260 Tagen liegt die Temperatur über 5° C; dadurch ergibt sich eine lange Vegetationsperiode, welche den Zwischenfruchtbau ermöglicht. Demgegenüber ist die Häufigkeit von Spät- und Frühfrösten gering und tritt schädigend nur in den Tälern der Ruhr, Emscher und Lippe und insbesondere über den Staunässeböden, z. B. im Bereich des Emschermergels, auf. Der Sonnenschein wird nach Dauer und Intensität durch Industrierauch lokal um 10–21 % herabgesetzt.

In seinen *Böden* spiegelt das niederrheinisch-westfälische Industriegebiet die Geologie des Raumes wider. Der Südrand des Reviers wird durch Verwitterungsböden der anstehenden Sandsteine und Schiefertone bestimmt und trägt weitgehend Wald oder Weide. Für den Ackerbau wichtiger sind die stellenweise ausgedehnten Ruhrterrassen mit Tallehmen und Lößdecken. Dagegen tragen die Auelehmböden der Ruhr wegen der Höhe des Grundwasserspiegels und der Hochwassergefährdung Weiden, soweit sie nicht durch Anlagen der Wasserwirtschaft in Anspruch genommen wurden. Die Städtereihe von Duisburg bis Unna (und weiter nach Osten bis Paderborn) liegt am Nordsaum einer zum Teil bis 12 m mächtigen Lößlehmdecke, die vor der Industrialisierung – und in ausgedehnten Resten noch heute – eine Kornkammer von besonderer Fruchtbarkeit bildete. Sie reicht stellenweise bis an die Höhen oberhalb der Ruhr. Ihre „Bodenzahl" kommt in der Bewertung bis auf 80 (bei 100 als überhaupt möglichem Maximum) und liegt im Mittel bei 60. Ähnliche Lößlehmdecken treten auf dem Vestischen Landrücken, nördlich der Emscher, und auf den flachen Höhen nördlich von Dortmund auf. Dagegen ist die Niederungszone beiderseits des alten Flußlaufes der Emscher und ihre östliche Fortsetzung, die Hellwegniederung, eine Feuchtregion mit Staunässe und verbreiteten Gleyböden, die ursprünglich vorwiegend der Grünlandwirtschaft vorbehalten waren, heute aber trockengelegt sind. Beiderseits der unteren Lippe sind Flugdecksande der Eiszeit weit verbreitet. Soweit sie nicht bewaldet sind, dienen sie vor allem dem Roggen- und Kartoffelanbau. Die Bodenzahlen liegen hier zwischen 20 und 40, sind also sehr niedrig. Am Niederrhein ist in dem Gewirr von alluvialen Flutrinnen des Rheins der Auenlehm verbreitet; er dient der Grünlandwirtschaft. Nur die einige Meter höher gelegenen flachen Platten mit Lehm und Lehm-Sand-Decken sind für den Ackerbau geeignet und bilden die Grundlage für einen ertragreichen Getreide- und Zuckerrübenanbau.

Insgesamt sind also trotz der geringen Ausdehnung des Raumes die bodenmäßigen Voraussetzungen für die Landwirtschaft sehr unterschiedlich und nur in geringem Umfang ungünstig. Sie reichen vom besten Getreideboden im Süden der Städte der Hellwegreihe bis zum armen Heidesandboden beiderseits der unteren Lippe.

9.2. Die Entwicklung der Landwirtschaft unter dem Einfluß der Industrialisierung

Das vorindustrielle Revier war eine Agrarlandschaft mit bescheidenen gewerblichen Mittelpunkten entlang der Ruhr, dem Hellweg und der Lippe und einer großen Zahl von bäuerlichen Dörfern, die zugleich die Standorte für ein die agrare Umwelt versorgendes Gewerbe waren. Das heutige Revier war damals ein Überschußgebiet an Agrarerzeugnissen, an Getreide und Vieh. Dieser Überschuß fand seinen Absatz in den Gebieten südlich der unteren Ruhr, im Sauerland um Iserlohn, Altena und im Bergischen Land um Elberfeld und Barmen (beide Städte bilden heute die Stadt Wuppertal) und um Solingen. Hier hatte sich aus alter geschichtlicher Tradition eine sehr intensive eisenverarbeitende Industrie mit weltbekannten Qualitätserzeugnissen entwickelt und entlang der zahlreichen Bäche und Flüsse zu einem engen Netz von Werkanlagen mit den zugehörigen Wohnsiedlungen verdichtet. Die agraren Überschüsse des heutigen Reviers wurden über die noch im vorigen Jahrhundert berühmten Kornmärkte von Witten, Herdecke (südlich von Dortmund) und Langschede (südlich von Unna) zur Versorgung der Eisenindustriegebiete südlich der Ruhr verkauft, soweit sie nicht auf der Ruhr verschifft wurden.

Diese Funktion des heutigen Reviers als Überschußgebiet agrarer Erzeugnisse verlor mehr und mehr an Bedeutung, als sich das Land zwischen Ruhr und Lippe zum industriellen Großraum entwickelte. Die landwirtschaftliche Nutzfläche ging in dem Maße zurück, in dem die Industrie sich ausbreitete. In seinen Anfängen war der Bergbau eine bescheidene Kohlengräberei, deren Betriebsanlagen je Zeche samt dem Gelände für die Abraumhalden und Straßen oder Schienen kaum jemals einen Hektar Fläche in Anspruch nahmen. Dazu handelte es sich überwiegend um Hang- und Berglagen mit landwirtschaftlich wenig wertvollem Boden. Auch für die geringe Zahl der in den alten Kleinzechen beschäftigten Arbeiter wurde kaum wertvolles Bauernland in Anspruch genommen. Die Bergleute siedelten als Bergmannskötter in den landwirtschaftlich wertlosesten Teilen ehemaliger gemeiner Marken, die sie zum größten Teil überhaupt erst einmal roden mußten. So bedeutete der frühe Bergbau keine Beeinträchtigung der Landwirtschaft.

Das änderte sich grundlegend mit der Entwicklung der Kohlengräberei zum modernen Bergbau mit seinen Großzechen und seinen ausgedehnten Werkskolonien. Eine moderne Großschachtanlage mit 4–6000 Beschäftigten benötigt für ihre Betriebsanlagen und Werkssiedlungen 200 und mehr Hektar, d. h. praktisch einen großen Teil der landwirtschaftlichen Nutzfläche eines ganzen Bauerndorfes. Dabei ist der Bergbau standortgebunden, das heißt, das Abteufen eines neuen Schachtes kann sich lediglich nach den geologischen Verhältnissen des Untergrundes richten, ohne Rücksicht auf den landwirtschaftlichen Wert des in Anspruch genommenen Bodens. Betriebliche Verflechtungen und verkehrsmäßige Abhängigkeiten zwingen auch einen großen Teil der übrigen Industrie zur Inanspruchnahme von Land ohne Rücksicht auf seinen landwirtschaftlichen Wert. Das gilt auch für das überaus dichte und vielgestaltige Verkehrsnetz. Vor allem seit dem II. Weltkrieg wurden für Straßen- und Siedlungsbauten ganz erhebliche, bislang überwiegend landwirtschaftlich genutzte Flächen in Anspruch genommen. Allein für die Jahre von 1949 bis 1960 handelte es sich um 230 km², das sind rd. 5 % der Gesamtfläche des rheinisch-westfälischen Industriegebietes. Davon entfallen auf den Kern des Reviers, d. h. auf die dichteste Agglomeration von Industrie und Siedlung zwischen den Städten der Hellwegreihe und denjenigen beiderseits der Emscher, rd. 84 km². So gehört es zum Bild des Ruhrgebiets, daß selbst inmitten der Großstädte noch alte bäuerliche Gehöfte stehen, Bauernhäuser ohne Land, deren Ställe als Werkstätten oder Garagen und deren Höfe als Lagerplätze etwa für Baumaterialien verwendet werden. Die Bauernfamilien haben die erheblichen Entschädigungen für das verkaufte Land oft unzweckmäßig angelegt oder rasch verbraucht und üben nun einen anderen Beruf aus. Nur ein Teil der „industrieverdrängten" Bauern hat anderswo neue Höfe gekauft. Besonders stark war der Rückgang der land- und forstwirtschaftlich genutzten Flächen im Kerngebiet des Reviers (Tabelle 12).

Tabelle 12

Jahr	Landwirtschaftliche Nutzfläche	Forstliche Nutzfläche^x
1893	69,5	16,0
1960	39,4	8,3

x in % der Gesamtfläche

Für das gesamte Industriegebiet ist der Rückgang nicht so groß.

Trotz der ständig zunehmenden Inanspruchnahme von Bauernland wird auch heute noch über die Hälfte der Gesamtfläche des Industriegebietes landwirtschaftlich genutzt (Fig. 50).

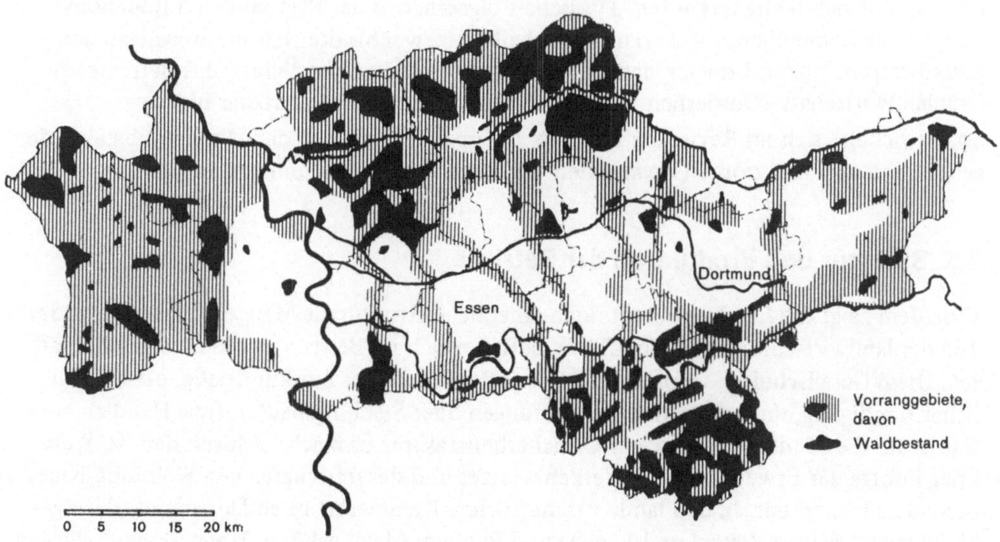

Fig. 50. Land- und forstwirschaftliche Nutzflächen, die erhalten bleiben sollen

Dieser hohe Anteil wird jedoch durch den noch überwiegend agraren Charakter des Ostens (Landkreis Unna) und des Westens (Landkreise Geldern, Moers und Rees) des Reviers bedingt, während die größten Waldflächen sich beiderseits der unteren Lippe und südlich von Dortmund befinden. Selbst eine der größten Industriestädte des Reviers, Dortmund, kann noch 40 % seiner Gesamtfläche als landwirtschaftlich genutzt ausweisen.

Dieser Wandel in der Bodennutzung zugunsten der überbauten und Verkehrsflächen wird sich in den nächsten Jahren noch in dem Maße vergrößern, wie das umfassende Straßenbauprogramm verwirklicht wird.

Die Veränderung in der Bodennutzung ist nur eine, wenn auch die sichtbarste Auswirkung der Industrialisierung des Raumes um Ruhr, Emscher und Niederrhein auf die Land- und die Forstwirtschaft. Die in krisenfreien Jahren hohe Kaufkraft der zahlreichen Bevölkerung zwingt die verbleibenden Landwirte zu einer ständigen, kurzfristigen Anpassung an die Konsumentenwünsche. Der Ruhrgebietsbauer ist deshalb besonders marktorientiert. Hinsichtlich der Arbeitskräfte steht er in einem hoffungslosen Wettbewerb mit den hohen Löhnen der Industrie. Das zwingt ihn zu einer vollkommenen Mechanisierung und Intensivierung seines Betriebes. Der Bauer beobachtet sorgfältig die Arbeitsmarktlage. Krisen in der Industrie bringen ihm vorübergehend billige Arbeitskräfte und erlauben den lohnenden Anbau von Kartoffeln. Gute Wirtschaftsjahre in der Industrie entziehen ihm diese Arbeitskräfte und zwingen ihn zu einem arbeitsparenden Getreidebau. Der arbeitsintensive Anbau von Zuckerrüben, für den das Klima wie die Lößböden an sich besonders geeignet wären, ist wegen des Lohngefälles nur im östlichen und westlichen Randgebiet des Reviers möglich. In den Grünlandgebieten wird Milchwirtschaft betrieben. Obwohl der Feldgemüsebau einen sehr aufnahmefähigen Markt hat, ist er in den meisten Teilen des Reviers unmöglich infolge der Luftverschmutzung. Gemüse aus Gebieten mit starker Immission läßt sich nicht verkaufen. Typische Folgeschäden des Bergbaus sind Bodensenkungen. Sie können gutes Ackerland innerhalb von zwei bis drei Jahren so nahe an den Grundwasserhorizont bringen, daß eine rasche, kostspielige Umstellung des Betriebes auf Grünlandwirtschaft erforderlich wird, sofern es überhaupt noch nutzbar bleibt.
So entwickelte sich im Revier ein besonderer Typ von Landwirt, der „Industriebauer“, der gelernt hat, sich mit großer Gewandtheit den kurzfristigen Wandlungen anzupassen.

9.3. Struktur und Produktion der Betriebe

Trotzdem zeigt die Landwirtschaft noch erhebliche strukturelle Mängel. Ein bedeutender Teil der landwirtschaftlichen Nutzfläche befindet sich im Besitz von Industriegesellschaften. Diese Gesellschaften verpachten ihre Ländereien immer nur kurzfristig, oft bei jährlicher Kündigung, um bei Betriebserweiterungen oder Siedlungsbauten freie Hand zu haben. Das ist für die Pächter ein schwerer Unsicherheitsfaktor. Er macht sich seit dem II. Weltkrieg infolge der Erweiterung des Verkehrsnetzes und des umfangreichen Wohnungsbaues besonders bemerkbar. In den landwirtschaftlichen Kammerbezirken Dortmund (dazu gehören auch Castrop-Rauxel und Lünen) und Bochum (dazu gehören Wanne-Eickel, Wattenscheid und Witten) liegt der Anteil des Pachtlandes an der gesamten landwirtschaftlichen

Nutzfläche zwischen 38,0 und 65,5 %, im Durchschnitt bei 56 % (Herbst 1969). Die Besitzzersplitterung ist noch bedeutend und erschwert ebenso eine mechanisierte Bearbeitung wie der immer noch große Anteil der Kleinbetriebe. So beträgt der Anteil der Betriebe von 0,5–10 ha in den obigen Bezirken, die repräsentiv sind für den Kernraum des Reviers, nicht weniger als 68,5 %. 12,5 % der Betriebe haben eine landwirtschaftliche Nutzfläche von 10–20 ha, 16,4 % von 20–50 ha und 2,6 % über 50 ha (Herbst 1969). In dem hohen Anteil der Kleinstbetriebe wirkt sich das alte Bergmannskötterwesen immer noch aus; hier sind auch bereits größere Flächen an Sozialbrache vorhanden. Auch im Ruhrgebiet zeigt sich eine Tendenz zur Aufgabe der Kleinstbetriebe als Zuerwerbsbetriebe und Zunahme der Vollerwerbshöfe, die in den noch stark agrar bestimmten Randgebieten des Reviers mit Ausnahme der alten Bergbauzone an der Ruhr ihre alte Bedeutung auch heute noch besitzen. Nur 1,9 % aller Beschäftigten sind in der Landwirtschaft tätig.

In der *Produktion* gibt es natürlich erhebliche lokale Unterschiede. Absolut gesehen überwiegt vollständig der arbeitskräftesparende Getreidenanbau. Auf den Getreideböden überwiegt der Anbau von Roggen vor Winterweizen und Wintergerste. Die Durchschnittserträge belaufen sich bei Roggen auf 36 dz/ha, bei Winterweizen auf 42 dz/ha, bei Wintergerste auf 43 dz/ha. Das entspricht dem Durchschnitt des Landes Nordrhein-Westfalen, der nur geringfügig über dem bundesdeutschen Durchschnitt liegt. Der Kartoffelanbau ist im Kerngebiet des Reviers bis zur Bedeutungslosigkeit zurückgegangen; in den Landkreisen Recklinghausen und Dinslaken, beiderseits der unteren Lippe auf sandigen Diluvialböden, nimmt er noch größere Anbauflächen ein. Der Ertrag an Spätkartoffeln liegt durchschnittlich bei 250 dz/ha marktfähiger Ware. Sie haben im Revier einen günstigen Absatzmarkt. Frühkartoffeln werden für die Vermarktung nicht mehr angebaut.
Die Milchviehhaltung ist besonders in den Landkreisen Unna, Recklinghausen, Moers und Dinslaken von Bedeutung, dazu im Stadtkreis Lünen. In diesen Teilen des Reviers hat das Grünland einen Anteil an der landwirtschaftlichen Nutzfläche von durchschnittlich 33 %. Auf den Terrassenplatten am linken Niederrhein beträgt dieser Anteil sogar 55 %. Hier beträgt der Rindviehbesatz 120–130 Stück je 100 ha gegenüber 85–100 Stück im Norden des rechtsrheinischen Reviers. Die Rindviehhaltung wird überwiegend in der Form des freien Weideganges betrieben. Nur in den Stadtkreisen des Reviers herrscht die Stallhaltung vor, weil es an Dauergrünland fehlt. Die früher allgemein verbreitete Abmelkwirtschaft ist zurückgegangen zugunsten der sogen. Durchhaltewirtschaft, bei der zumindest ein Teil des Milchviehbestandes selbst herangezogen wird. Die Durchschnittsleistung je Milchkuh liegt zwischen 4000–4300 kg im Jahr. Auch hierbei ist, wie bei den Ackerfrüchten, gegenüber der Vorkriegszeit eine erhebliche Steigerung – im Kreise Dinslaken bis zu 60 % – zu verzeichnen. Ursache dafür ist im wesentlichen eine Verbesserung der Futtergrundlage.

Die Schweinehaltung ist in den letzten Jahren außerordentlich starken, marktbedingten Schwankungen unterworfen gewesen. Zu Beginn der Industrialisierung unseres Raumes war sie allgemein vertreten. Die Industrialisierung brachte zur bäuerlichen Schweinehaltung das sogen. „Bergmannsschwein“. Dadurch war der Schweinebestand, vor allem in Kriegs- und Krisenzeiten, außerordentlich hoch. Futtergrundlage waren die großen Hausgärten der Werkswohnungen, Pachtland und Küchenabfälle. In dem Maße, wie die soziale Lage sich besserte, verschwand neben der Ziegenhaltung auch die Schweinehaltung aus den

Arbeiter- und Handwerkerhaushaltungen. Die bäuerliche Schweinehaltung dagegen konzentriert sich immer mehr in Spezialbetrieben. Die gleiche Beobachtung gilt für die Hühnerhaltung. In diesen beiden Zweigen der landwirtschaftlichen Produktion mit ihrer hohen Marktabhängigkeit kommt die Marktaufgeschlossenheit des Ruhrgebietsbauern besonders deutlich zum Ausdruck.

In der bäuerlichen Betriebsstruktur ist eine Spezialisierung auf ein oder zwei Produkte, wie sie typisch für viele amerikanische Betriebe ist, noch die Ausnahme. Nach wie vor herrscht der Mischbetrieb mit Ackerbau und Viehhaltung vor, wobei jedoch deutliche Produktionsschwerpunkte gesetzt werden, je nach den natürlichen Voraussetzungen und der Marktlage.

10. Das Ruhrgebiet und sein Umland

Der Produktions- und Konsumraum Ruhrgebiet hat stets eine nachhaltige Wirkung auf ein weites Umland ausgeübt. Art und Umfang dieser Umlandbeziehungen sind dabei Wandlungen unterworfen, die ein Spiegelbild der industriellen Struktur, der technischen Entwicklung und der internationalen Wirtschaftsverflechtungen bilden. Die Verflechtung Revier-Umland erfaßt naturgemäß besonders die Randlandschaften Sauerland, Münsterland und das Niederrheinische Tiefland sowie das Weserbergland.

10.1. Die Beziehungen Umland-Revier

Die strukturmitbestimmende Bedeutung des *Siegerländer Erzes,* dessen Zulieferung seit 1861 per Eisenbahn erfolgte, ist völlig erlosen. Wegen des internationalen Erzwettbewerbes ist die letzte Grube im Siegerland 1962 stillgelegt worden.

Das *Sauerland* ist vorwiegend Lieferant des wichtigen Trink- und industriellen Brauchwassers. Es bietet ferner mit seinen ausgedehnten Fichtenwäldern Bau- und Grubenholz. Allerdings ging der Grubenholzbedarf zugunsten des stählernen Ausbaues der Gruben mehr und mehr zurück. Stattdessen werden heute beträchtliche Mengen des sauerländischen Fichtenholzes an Papierfabriken am Rande des Reviers, z. B. in Hagen und Arnsberg, abgesetzt. Von Bedeutung waren stets die Zuschlagstoffe für die Erzverhüttung: Kalk und Dolomit. Die Steinbruchindustrie erfuhr seit dem II. Weltkrieg eine große Ausweitung durch den hohen Bedarf an Straßenbaustoffen, wie Kalkstein, Grauwacke und besonders Diabas.

Die fruchtbare *Bördelandschaft* östlich des Reviers mit dem Mittelpunkt Soest liefert Getreide, Zucker und Feldgemüse.

Am *Nordrand des Reviers,* um Haltern und nördlich von Bottrop um Kirchhellen, stehen reiche Quarzsandlager an. Sie werden genutzt durch die Glasindustrie des Reviers und liefern darüber hinaus Formsand, Bausand und Sande für die chemische Industrie.

Das Münsterland und das Niederrheinische Tiefland sind die wichtigsten Nahversorgungsräume für Milch und Milcherzeugnisse, Schlachtvieh für die Schlachtviehmärkte wie Dortmund, Bochum und Essen, Getreide, Kartoffeln und Gemüse. Allerdings reicht die Produktion dieser Landschaften zur Versorgung von 12 Millionen Konsumenten nicht aus. Für Gemüse müssen vor allem die Niederlande und Italien, für Milcherzeugnisse Bayern, die Niederlande, das Emsland, Dänemark und Frankreich mit beträchtlichen Zufuhren helfen.

Alle Standorte der Textilindustrie befinden sich in der niederrheinischen Landschaft um Krefeld und Mönchen-Gladbach mit Seiden- und Samtindustrie, im Aachener Raum mit Tuchindustrie, im westlichen Münsterland in Bocholt, Borken, Ahaus, Dülmen, Gronau und im südlichen Emsland in Nordhorn. Vor allem das frühere Baumwoll- und heutige Kunstfaser-Verarbeitungsbiet des westlichen Münsterlandes und um Nordhorn ist in seiner Produktion so stark auf seine Hauptkonsumenten im Revier ausgerichtet, daß eine Krise im Revier auch eine Krise in der dortigen Textilindustrie im Gefolge hätte. Lediglich die

Textilindustrie in Nordhorn löste sich in den letzten Jahren durch Spezialisierung (z. B. Ninoflex) stärker von der einseitigen Konsumbindung und stellte sich auf einen weltweiten Absatzmarkt um, wie das die Bielefelder Textil- und Wäscheindustrie schon früher getan hat. Von großer Bedeutung für die Bauwirtschaft des Ruhrgebietes ist die Zementindustrie in Lengerich am Teutoburger Wald, um Beckum und – außerhalb des Münsterlandes – am Fuße des Haarstrangs zwischen Erwitte und Paderborn. Diese Industrie beruht auf dem Massenvorkommen von Zementmergeln der oberen Kreide, deren Gehalt an $CaCO_3$ allerdings zumeist durch Massenkalke aus dem Raum Warstein im nördlichen Sauerland angereichert werden muß.

Das Bergland zwischen dem Teutoburger Wald und der oberen Weser zeigt sehr vielfältige Verflechtungen mit dem Revier. Am bekanntesten sind die Wirtschaftsräume um Bielefeld (z. B. Textilien, Wäsche, Druckerzeugnisse, Näh- und Waschmaschinen, Fahrräder, Nährmittel) und um Herford (z. B. Möbel, Fleisch- und Wurstwaren). Im Laufe der letzten Jahrzehnte ist dieses ursprünglich vorherrschend agrar genutzte Bergland mit seinen zahlreichen Wanderarbeitern (Ziegelbrenner, Heringsfischer) zum bedeutendsten Möbelzentrum der Bundesrepublik Deutschland und zugleich zum wichtigsten Möbellieferanten des Ruhrgebietes geworden.

Die ursprünglich beträchtlichen Lohnunterschiede zwischen dem Schwerindustriegebiet im Kern und den *Randsäumen des Reviers* trugen zur industriellen Entwicklung einer ganzen Anzahl von Kleinstädten bei. In ihnen entstanden Betriebe der Konsumgüter- (wie z. B. Textilien, Glas, Branntwein) und der Bergbau-Zulieferer-Industrie (z. B. Grubenholzzuschnitt, Bergbaumaschinen und anderes Bergbauzubehör). Zu diesen Städten gehören Dorsten, Haltern, Dülmen, Lünen, Werne im Norden, Unna und Werl im Osten und Herdecke im Süden des Reviers.

Einen *Pendlerstrom* von den Randlandschaften zum Revier hat es immer schon gegeben. Erfaßte er in der Frühzeit des Reviers überwiegend männliche Arbeitskräfte, so befinden sich heute in steigendem Maße auch weibliche Arbeitskräfte darunter, sowohl für das produzierende Gewerbe wie für den tertiären Erwerbssektor in öffentlichen und privaten Dienstleistungen.

In welchem Umfang das nähere und weitere Umland des Reviers sich zu Nah- und *Wochenenderholungsgebieten* entwickelt hat, zeigt der Abschnitt „Freizeit und Erholung". Dabei haben die Bäder und Kurorte am Westsaum des Teutoburger Waldes und im „Westfälischen Heilgarten", dem Lipper Land, wegen ihrer vielseitigen Indikationen für die Wiederherstellung der Gesundheit eine besondere Bedeutung erlangt.

10.2. Die Beziehungen Revier-Umland

Das Ruhrgebiet hat schon früh einen weit über Deutschland hinausgehenden Absatz entwickelt. Die bis in die letzten Jahre hinein relativ einseitige Produktion versorgte naturgemäß auch die Randlandschaften des Reviers. Selbstverständlich war und ist die Lieferung von *Kohle und Koks.* Für die agrar bestimmten Landschaften ist das Revier ferner ein Lieferant von Kunstdünger. Von entscheidender Bedeutung wurde die Eisen- und Stahlindustrie des Reviers für die überaus vielfältige eisen- und stahlverarbeitende Kleineisenindustrie in seinem südlichen Vorfeld, im *Bergischen Land* um Solingen, Remscheid, Velbert

(z. B. Schneidwaren, Werkzeuge, Schlösser, Baubeschläge, Autozubehör) und *im westlichen Sauerland* entlang der Täler von Lenne, Volme, Ennepe (z. B. Schmiede- und Preßwaren als Auto-, Eisenbahn-, Schiffszubehör, Werkzeuge, Schrauben, Drähte aller Art, Maschinen, Gartengeräte). Auch das *Siegerland* gehört mit seiner Blechverarbeitung zu den wichtigsten Verbrauchern der Eisen- und Stahlindustrie an der Ruhr. Rund 70 % des an der Ruhr erzeugten Eisens und Stahls wird im Umkreis von 100 km weiterverarbeitet.

Die gewaltigen Mengen an *elektrischer Energie,* die in den mit fast allen Zechen verbundenen Großkraftwerken erzeugt werden, fließen in das westeuropäische Verbundnetz ein. Über ein weitverzweigtes Leitungssystem werden das Ruhrgebiet selbst und große Teile Deutschlands mit *Kokereigas* versorgt (Fig. 51 und 52).

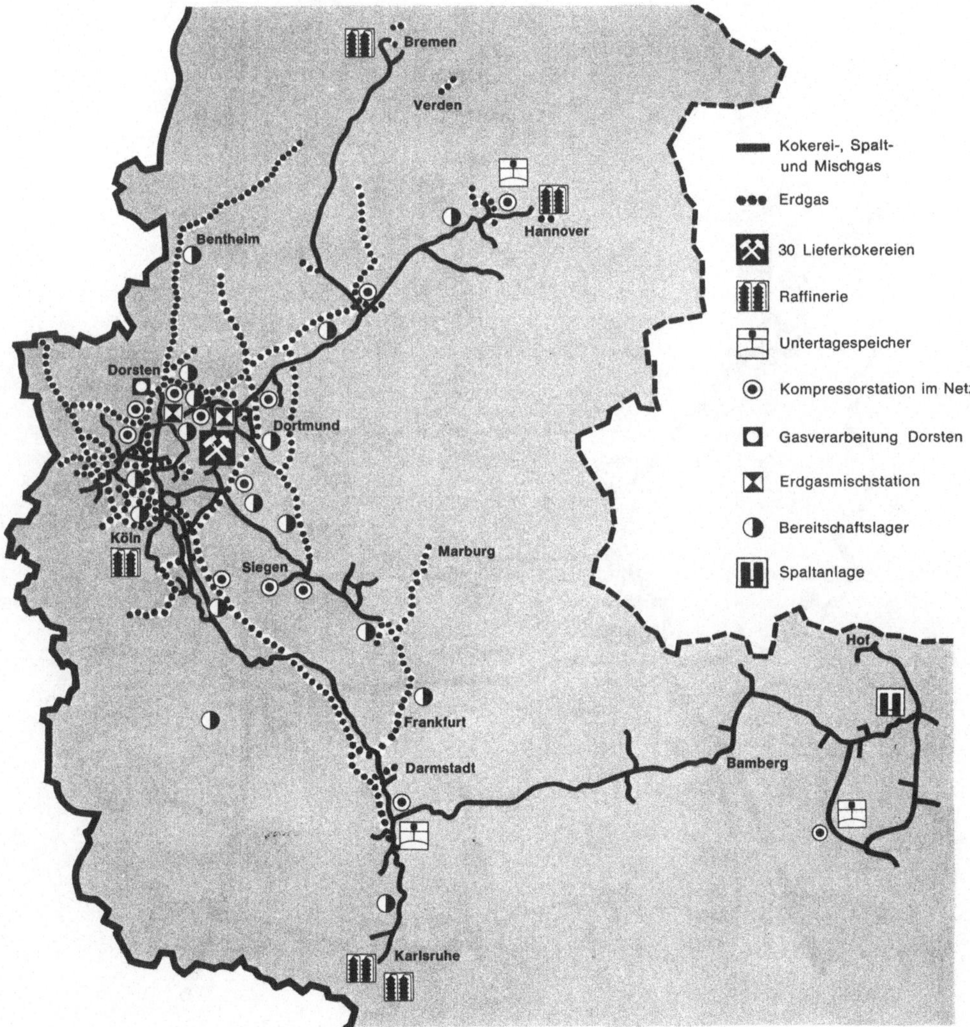

Fig. 51. Das bundesdeutsche Ferngasnetz

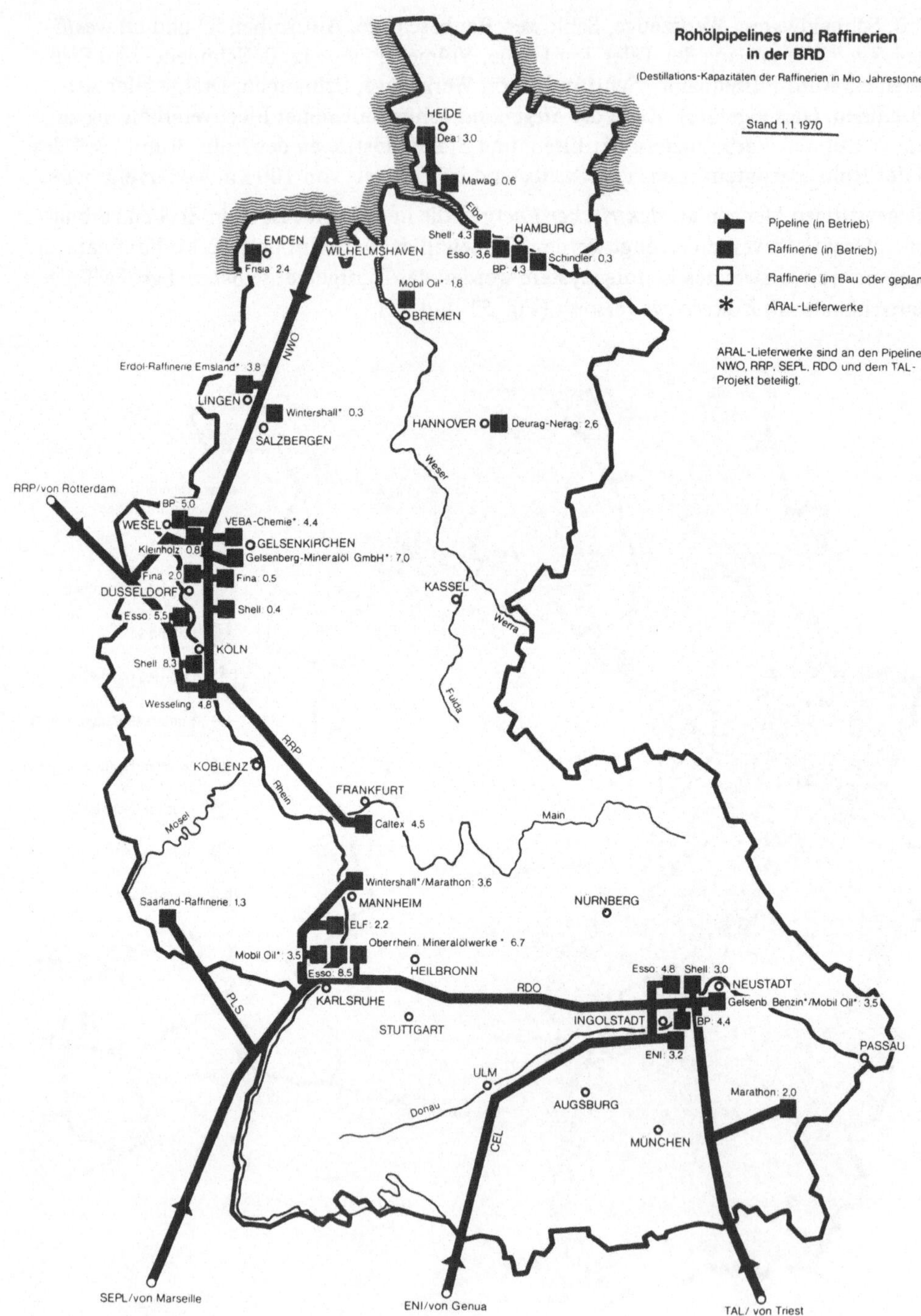

Fig. 52. Erdölraffinerien und Erdölleitungen

In dieses Netz speist seit einigen Jahren in immer stärkerem Maße das niederländische und nordwestdeutsche Erdgas ein. Auch in der Versorgung mit Treibstoffen (Benzin und Dieselkraftstoff) gewinnt das Revier mit dem Raum um Köln mit seiner Ballung von Raffinerien bei deren steigender Kapazität (37,8 Mio t) eine wachsende Bedeutung.

Das Ruhrgebiet hat als *Einkaufszentrum* für den Privatbedarf, für Einzel- und Großhandel einen Einzugsbereich von einem Radius bis zu 100 km. Nach Nordwesten reicht er bis in die Niederlande, im Norden überschneidet er sich mit demjenigen der Stadt Münster, im Nordosten und Osten berührt er sich in einzelnen Artikeln mit dem Einkaufsbereich von Bielefeld, nach Südosten reicht er bis Siegen und nach Süden und Südwesten bis an den Einzugsraum von Köln.

In *kultureller Beziehung* reicht die Ausstrahlung nur im Süden und Südosten über die unmittelbaren Randlandschaften hinaus bis zum Hochsauerland. In den übrigen Randlandschaften bestehen ältere und z. T. bedeutendere kulturelle Einrichtungen, wie vor allem in Düsseldorf, Köln und Münster.

Wirtschaftliche und berufsständische Organisationen mit dem Sitz im Ruhrgebiet haben zum Teil einen weitreichenden Bezirk zu betreuen. Die *staatlichen regionalen Verwaltungen* befinden sich bis auf das Landesoberbergamt in Dortmund aus historischen Gründen außerhalb des Reviers. Zum Beispiel haben die für Teile des Reviers zuständigen Regierungspräsidien noch ihre alten Sitze in Münster, Arnsberg und Düsseldorf, das zugleich Hauptstadt des 1946 gegründeten Landes Nordrhein-Westfalen ist.

11. Infrastruktur

11.1. Die Wasserwirtschaft des Ruhrgebietes

Ein Ballungsraum von der Bevölkerungsdichte und der industriellen Leistungsfähigkeit des Ruhrgebiets ist nicht lebens- und funktionsfähig ohne eine umfassende Wasserwirtschaft. Die Trink- und Brauchwasserversorgung wird dabei zu einem Standortfaktor, der mitbestimmt, ob und wo diese oder jene Industrieanlage aufgebaut werden kann. Während noch vor wenigen Jahrzehnten der tägliche Wasserverbrauch pro Kopf der Bevölkerung rd. 60 l betrug, erreicht er zur Zeit 160 l bei weiter steigender Tendenz. Allein die Chemischen Werke Marl-Hüls benötigen jährlich 300 Mio m^3 Wasser. Die Energieerzeuger haben einen enormen Kühlwasserbedarf. Im einzelnen rechnet man im Ruhrgebiet mit folgendem Wasserverbrauch der Grundstoffindustrie:

für 1 t Kohle	1,75 m^3 Wasser
für 1 t Koks	2,25 m^3 Wasser
für 1 t Stahl	5,00 m^3 Wasser
für 1 t Benzin aus Erdöl	11,00 m^3 Wasser

Diesem hohen Bedarf gegenüber besteht die Notwendigkeit, das genutzte und verschmutzte Wasser zu sammeln und mechanisch, chemisch und biologisch geklärt den großen Vorflutern des Reviers Ruhr, Emscher, Lippe und Rhein zuzuleiten.

Für alle diese Aufgaben bietet das Revier mit den drei Flüssen Ruhr, Emscher und Lippe ungewöhnlich günstige Voraussetzungen.

11.1.1. Die Ruhr versorgt das Revier mit Trink- und Brauchwasser

Die Ruhr ist der natürliche Vorfluter des Sauerlandes. Sie besitzt ein Niederschlagsgebiet von 4 445 km^2. Im Sauerland herrschen, genau wie im Ruhrgebiet, die regenbringenden westlichen und südwestlichen Winde vor. In dem bis 843 m hohen waldigen Bergland beträgt die Niederschlagshöhe zwischen 750 und 1 400 mm, im Durchschnitt 1 027 mm. Das ist eine Gesamtwassermenge von 4,5 Mrd m^3 im Jahr. Davon verdunsten etwa 2 Mrd m^3. Das Wasserdargebot beträgt also rd. 2,5 Mrd m^3. Die Bewaldung im Bereich der einzelnen Nebenflüsse liegt zwischen 43–60 %. Der Waldboden speichert das Wasser und gibt es langsam ab. In gleicher Weise wirkt auch die winterliche Schneedecke. Aber die jahreszeitlichen und jährlichen Niederschlagsschwankungen sind sehr beträchtlich. Während 1958 1239 mm Niederschlag im Sauerland gemessen wurden, waren es 1959 nur 640 mm. Der winterliche Niederschlag ist hier beträchtlich höher als der sommerliche.

So kann der natürliche Abfluß an der Ruhrmündung in langanhaltenden Trockenzeiten auf 3 m^3/s sinken, während das höchste Hochwasser an der gleichen Stelle auf 2000 m^3/s ansteigen kann. Dieses Minimum-Maximum-Verhältnis von rd. 1 : 700 ist für mitteleuropäische Flüsse ganz ungewöhnlich. Es zwingt, durch Speicherwerke künstlich für Ausgleich zu sorgen.

Es gibt im Sauerland zahlreiche Stauweiher und Talsperren, die einzelnen Kommunen und Industriewerken gehören. Die größten und leistungsfähigsten Sperren gehören jedoch dem *Ruhrtalsperrenverein* in Essen, der 1913 als übergeordneter Verband der großen kommunalen und industriellen Wasserverbraucher gegründet wurde. Er besitzt 1972 14 Talsperren mit einem Gesamtstauraum von 471,1 Mio m³ (Fig. 53).

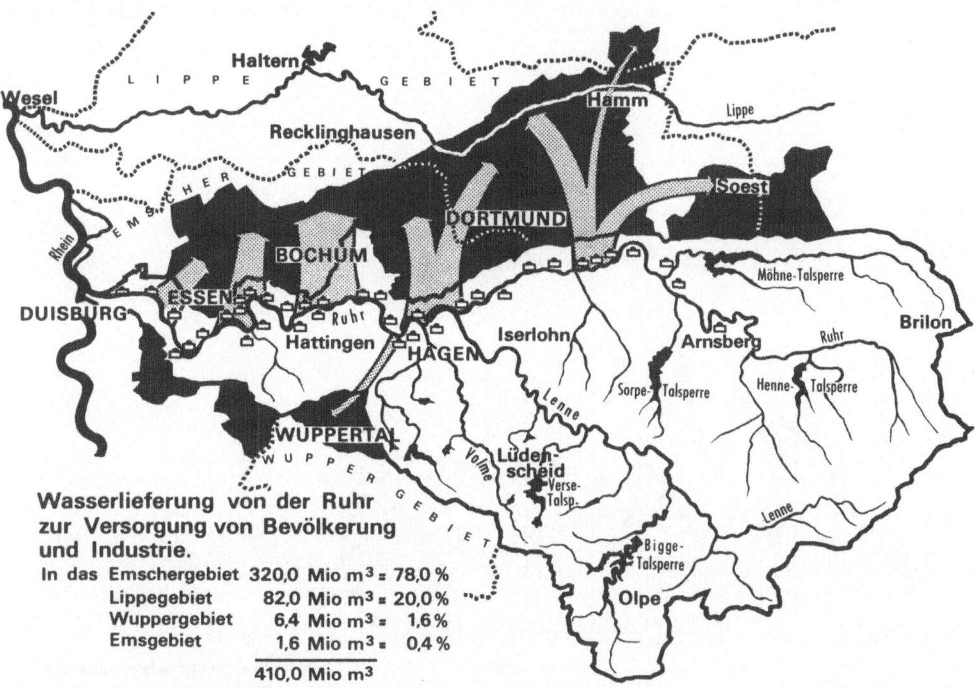

Fig. 53. Die Wasserversorgung des Ruhrgebiets

Aus diesen Talsperren wird das Wasser nicht etwa unmittelbar dem Verbrauch zugeführt, sondern es wird in Trockenzeiten nach einem genau abgestimmten Plan über die verschiedenen Nebenflüsse in die Ruhr eingeleitet. Das Ruhrtal besteht aus einem für die Wassergewinnung ungewöhnlich günstigen Material. Den Untergrund bildet Ruhrsandstein oder Schiefer. Beide sind relativ wasserundurchlässig, verhindern also eine Versickerung in größere Tiefen. Darauf lagern Kiese und Sande. Sie haben an der unteren Ruhr eine Mächtigkeit bis zu 14 m, an der mittleren Ruhr bei Neheim-Hüsten von 4 m. Darüber liegt eine etwa 1 m mächtige Schicht von Talauenlehm. Kiese und Sande sind ein ideales natürliches Filter. Das Ruhrwasser sickert in dieses natürliche Filtermaterial mit seinem hohen Porenvolumen (ca. 30 %) ein und bildet beiderseits und unter dem eigentlichen Ruhrbett einen breiten und reichen Grundwasserstrom (Fig. 54). Aus diesem Grundwasserstrom, nicht aus dem Fluß selbst, wird mit Hilfe zahlreicher Brunnen, die zu Sammelgalerien zusammengefaßt sind, das natürlich gefilterte Wasser gewonnen und nach einer geringfügigen

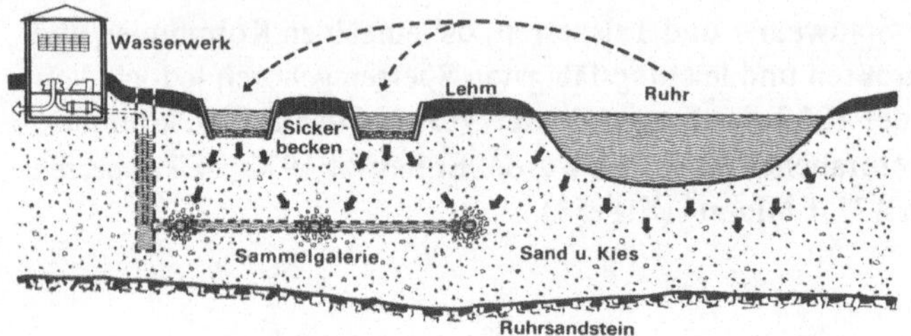

Fig. 54
Schematische Darstellung der Wassergewinnung im Ruhrtal

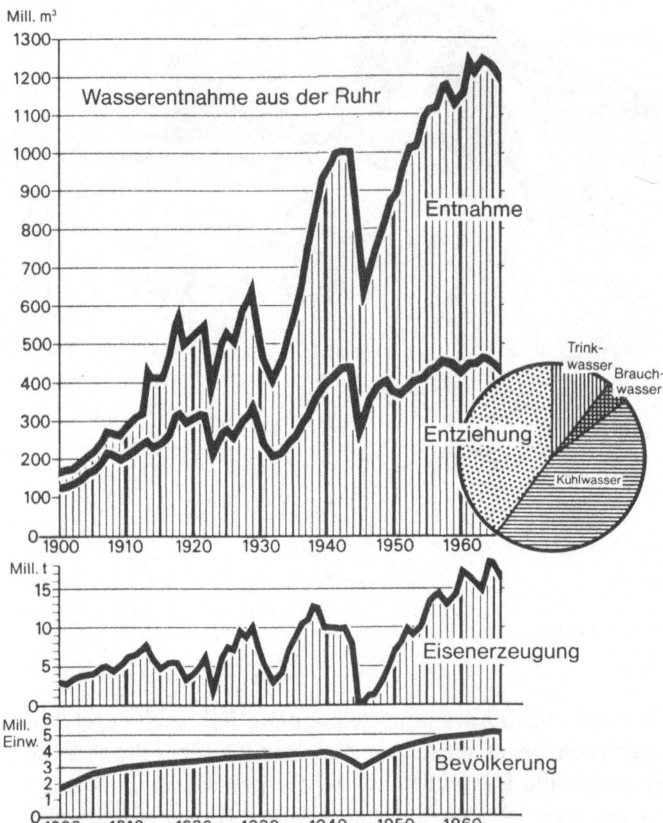

Fig. 55
Wasserentnahme aus der Ruhr in Abhängigkeit von der Roheisenerzeugung und der Bevölkerungszahl

Chlorung in die Versorgungsnetze gepumpt. Die natürliche Versickerung reicht aber nicht aus, den Grundwasserstrom schnell genug wieder anzureichern. Darum sind von der Ruhrmündung bis in die Gegend von Neheim-Hüsten an zahlreichen Stellen in der Talaue der Ruhr große Versickerungsbecken angelegt worden, die eine schnelle, künstliche Anreicherung des Grundwasserstromes ermöglichen.

Auf diese Weise werden der Ruhr jährlich etwa 1,2 Mrd m³ Wasser entnommen (Wasserentnahme Fig. 55). Davon werden rund 400 Mio m³ über die Wasserscheide der Ruhr hinweg in die Einzugsgebiete anderer Flüsse, vor allem der Emscher und der Lippe, geleitet. Das ist der Wasserentzug, weil diese Wassermengen als Abwässer nicht mehr in die Ruhr zurückkehren. Alle Wassermengen, die als Abwässer in die Ruhr zurückgeleitet, also erneut als Trink- und industrielles Brauchwasser genutzt werden, müssen einer sehr sorgfältigen mechanischen und biologischen Reinigung unterzogen werden. Diese Reinigung erfolgt in Kläranlagen einer weiteren Genossenschaft, des ***Ruhrverbandes,*** und zwar in solcher Vollkommenheit, daß selbst in dem berüchtigten Trockenjahr 1959 keinerlei gesundheitliche Schädigungen auftraten.

So prägt die Wasserwirtschaft in den Talauen der Ruhr und ihrer Nebenflüsse die Kulturlandschaft. Im oberen Einzugsgebiet der Nebenflüsse besteht sie aus den Talsperren mit ihrer zumeist vierfachen Funktion: Speicherung von Wasser, Verhinderung von Überschwemmungen, Gewinnung von Elektrizität und Erholung in der Freizeit. Im weiteren Verlauf der Nebentäler bestimmen die Kläranlagen das wasserwirtschaftliche Bild. Das Tal der Ruhr schließlich wird auf einer Laufstrecke von mehr als 100 km beherrscht durch die vier Stauseen bei Kettwig, Essen, Wetter und Hagen. Sie sind große Schlammfänger, also Absitzbecken für die im Ruhrwasser vorhandenen Schwebstoffe und werden zugleich für den Wassersport genutzt. Hinzu kommen außer 108 größere Kläranlagen 32 Pumpwerke mit den für sie typischen Anlagen: Vorklärbecken, Sammelgalerien und den Pumpen, die das Ruhrwasser zum Verbraucher befördern. Die Ruhr ist wasserwirtschaftlich der am intensivsten genützte Fluß der Erde. Ihr Tal wurde zu einer Wasserwirtschaftslandschaft.

Die Wasserversorgung wird nicht nur durch die Wasserwerke der Gemeinden und industriellen Unternehmungen sichergestellt, es bildete sich sogar ein Wirtschaftsunternehmen, dessen alleinige Aufgabe die Erschließung und Aufbereitung von Wasservorräten und die Versorgung von kommunalen und industriellen Verbrauchern mit Wasser ist. Dieses Unternehmen, das 1887 gegründet wurde, ist das „Wasserwerk für das nördliche westfälische Kohlenrevier, Gelsenkirchen“, kurz „Gelsenwasser“ genannt. Sein Versorgungsgebiet umfaßt heute 1925 km^2 bei einer Jahresleistung von rd. 220 Mio m^3 Wasser. Dieses Wasser wird aus 6 Wasserwerken an der Ruhr und aus dem Werk Haltern, nördlich der Lippe, gewonnen, das mit etwa 80 Mio m^3 Jahresförderung als das größte europäische Trinkwasserwerk gilt. Ein Hauptleitungsnetz von 3400 km Länge mit Dimensionen bis zu 1200 mm versorgt 1 250 000 Verbraucher.

Dank der Anlage zahlreicher Talsperren verfügt das Ruhrgebiet zur Zeit über einen jährlichen Wasservorrat, der den Normalbedarf um 100 Mio m^3 übersteigt. Dennoch müssen neue Talsperren gebaut werden. Bei dem wachsenden Bedarf an elektrischer Energie – Verdoppelung jeweils in 10 Jahren! – muß die Zahl der Kraftwerke bzw. deren Kapazität dauernd vermehrt werden. Dafür sind steigende Mengen an Kühlwasser erforderlich. Bei den heutigen Wasservorräten ist schon jetzt der Zeitpunkt abzusehen, daß die Erwärmung der Lippe und des Rhein-Herne-Kanals durch die Rückleitung ungekühlten Wassers von Wärmekraftwerken so groß wird, daß von einer „Kühl“ wasser-Entnahme nicht mehr die Rede sein kann.

11.1.2. Die Emscher ist die „Kloake" des Reviers

Die Emscher hat ein Einzugsgebiet von 784 km². Davon sind 97 % Stadtflächen mit einer Bevölkerungsdichte von rd. 3 400 Einwohnern/km². Seit Beginn des Bergbaus, in dieser Zone um 1850, wurde die Emscher mit ihren Nebenbächen als Ableitung für alle Arten von Abwässern benutzt. Es zeigte sich aber bald, daß als Folge des Bergbaus das Land sank, und zwar nicht gleichmäßig, sondern in sehr unterschiedlichem Ausmaß (Fig. 56). Diese „Bergsenkungen" haben stellenweise ein Ausmaß bis zu 12 m erreicht. Dadurch wurde der natürliche Abfluß des Wassers in der Emscher und ihren Nebenbächen gestört; es bildeten sich – und bilden sich auch heute noch – *Senkungssümpfe.* Früher wurden sie zu Brutstätten von Seuchen. Um diese Seuchenherde zu beseitigen und eine geordnete Vorflut zu schaffen, wurde durch ein Gesetz im Jahre 1904 die *Emschergenossenschaft* mit dem Sitz in Essen gegründet. Es gehören ihr alle anliegenden Gemeinden, Bergwerke und andere Industriebetriebe an, um in gemeinsamer Arbeit nach einem einheitlichen Plan die notwendigen Arbeiten zur Vorflutregulierung und Abwasserreinigung im Emschergebiet durchzuführen (Fig. 57).

Fig. 56
„Senkungssee" am Groppenbach im Norden von Dortmund

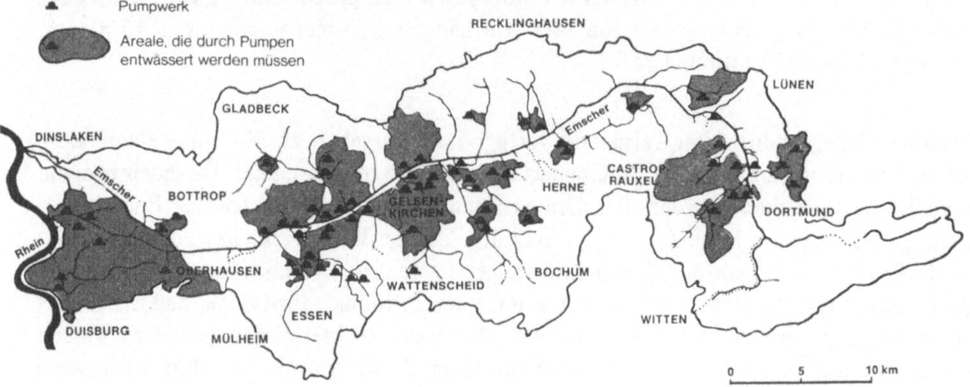

Fig. 57. Das Entwässerungsgebiet der Emscher

Die *Vorflutregelung* ist die Voraussetzung für die Abwasserbeseitigung. Es ist ein ständiger Kampf mit dem sinkenden Land. Bisher mußten im Emschergebiet 365 km Fluß- und Bachläufe ausgebaut werden, d. h. die Folge der Senkung wurde durch Vertiefung bzw. Hebung der Fluß- oder Bachsohle oder durch den Bau von Deichen oder Pumpwerken beseitigt. 22 % des Emschergebietes sind ohne natürliche Vorflut. Es sind Polder wie große Teile der Niederlande; 67 Pumpwerke halten diese Emscherpolder wasserfrei (Fig. 58). Die Deiche der Bäche und Flüsse müssen immer wieder erhöht und verbreitert werden, wie es das Beispiel der Seseke bei Lünen zeigt (Fig. 59). So „wachsen“ manche Strecken der Bach- und Flußläufe, aber auch der Schiffahrtskanäle, meterhoch über das umliegende Land empor. Je höher die Deiche werden, desto schwieriger wird es, die Verkehrswege über sie hinweg zu führen. Darum hat man in einigen Fällen den Wasserlauf aus dem Senkungsgebiet verlegt. Das bekannteste Beispiel ist die zweimalige Verlegung der Emschermündung in den Rhein. Bereits in den Jahren 1906–1910 wurde die natürliche Mündung der Emscher 2,8 km nach Norden verlegt, weil das bisherige Mündungsgebiet abgesunken

Fig. 58
Die eingedeichte Seseke bei Lünen zwischen Datteln-Hamm-Kanal (im Vordergrund) und Lippe

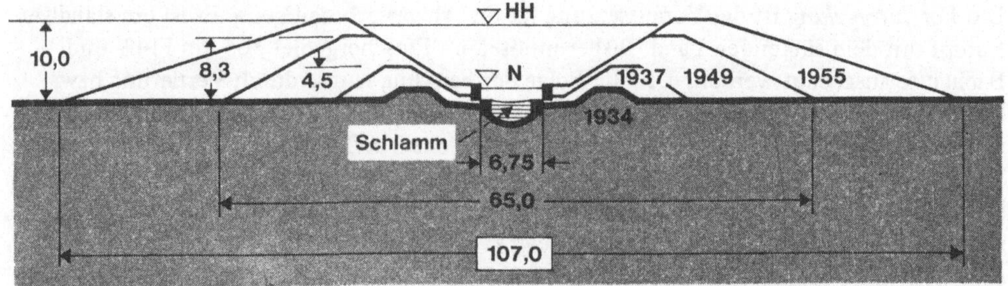

HH = Höchster Hochwasserstand
N = Normaler Wasserstand

Fig. 59. Ausbauphasen der Eindeichung der Seseke, Querschnitt

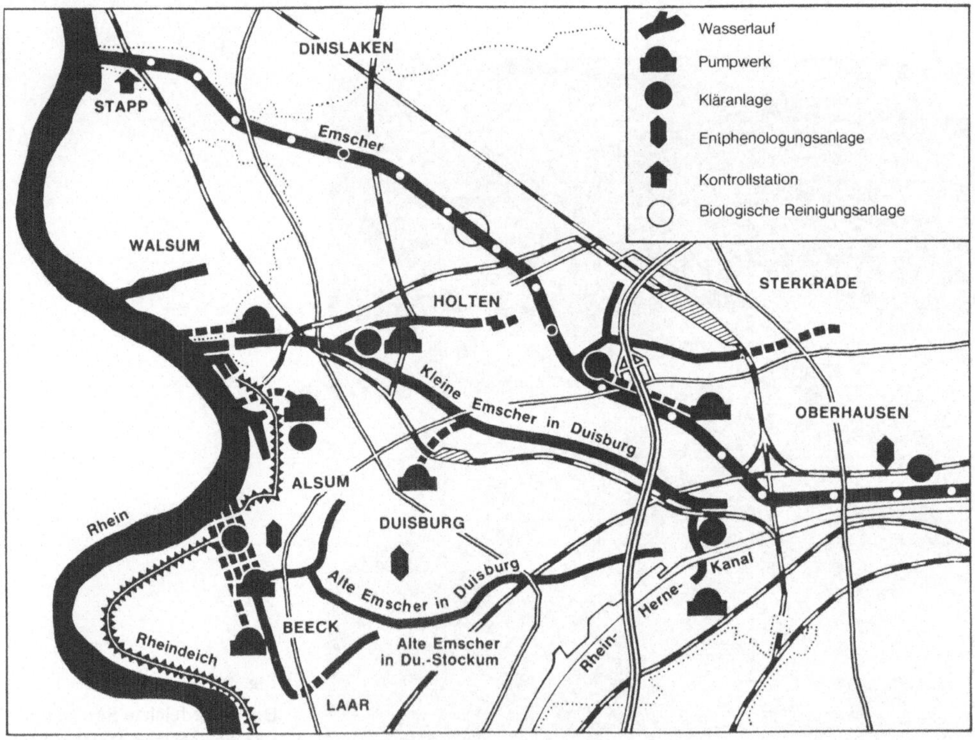

Fig. 60. Die Mündung der Emscher in den Rhein

war. Aber auch die neue Mündung wurde zum Bergsenkungsgebiet, und wiederum war der Bau einer neuen Mündung notwendig. Diese heutige Emschermündung liegt 9,1 km nördlicher als die natürliche; für sie war der Bau eines neuen Flußlaufs von 14 km Länge erforderlich (Fig. 60).

Die *Abwasserreinigung* ist vor allem im Hinblick auf die Schmutzbelastung des Rheins erforderlich. Häusliche und industrielle Abwässer werden nicht getrennt. Ursprünglich wurden die Abwässer lediglich *mechanisch* geklärt. Die bedeutendste Anlage für die mechanische Klärung ist die Emscherflußkläranlage bei Essen-Karnap, die 1928 in Betrieb genommen wurde. Sie allein hält jährlich 600 000 t stichfesten Schlamm zurück. 40 % dieses Schlamms bestehen aus Feinkohle. Darum kann dieser Schlamm in einem benachbarten Kraftwerk in elektrische Energie umgewandelt werden (Fig. 61). Insgesamt gibt es 22 genossenschaftliche Kläranlagen, an die 95 % der Fläche des Emschergebietes angeschlossen sind. Die mechanische Klärung allein genügt aber nicht. Durch die Abwässer der Kokereien kamen große Mengen der sehr schädlichen Phenole über die Emscher in den Rhein. Es war sehr schwierig, das Phenol vom Wasser zu trennen. Das gelang 1926 durch die Entwicklung von Entphenolungsanlagen. 1970 waren 25 solcher Anlagen in Betrieb. Sie halten 2/3 der auf den Kokereien des Emscher- und Lippegebietes anfallenden Phenole zurück. Mit diesen Anlagen wurde neben der mechanischen die chemische Abwasserreinigung eingeführt.

Fig. 61. Mechanische Reinigungsanlage an der Emscher mit Schlammabsitzbecken und Schlammlagerplätzen. Die im Schlamm enthaltene Kohle wird in einem zur Anlage gehörigen Kraftwerk in elektrische Energie umgesetzt

Beide Verfahren aber reichten noch nicht aus. Es kam die biologische Abwasserreinigung hinzu. Die zentrale biologische Kläranlage ist 1968/69 sieben Kilometer oberhalb der Emschermündung auf einem 60 ha großen Gelände errichtet worden. Sie kann die gesamten Abwassermengen des Emschergebietes, etwa 600 Mio m^3 im Jahr, biologisch so klären, daß die Abwasserbelastung des Rheins erheblich vermindert wird. Die Emschergenossenschaft hat bisher über 700 Mio DM investiert.

Die kanalisierten Wasserläufe, die Pumpwerke, die Deichbauten und die mechanischen, chemischen und biologischen Klärwerke sind ein wesentlicher Bestandteil der Industrielandschaft des Reviers, insbesondere entlang dem Emscherlauf, in bescheidenerem Umfange auch am unteren und mittleren Lauf der Lippe.

11.1.3. Die Lippe speist das westdeutsche Kanalnetz und liefert Kühlwasser für die Industrie.

Die Lippe hat in ihrem Einzugsgebiet von 4980 km² mehrere Zuflüsse mit salzhaltigem Wasser. Daher ist das Lippewasser als Trinkwasser weniger geeignet. Es dient in der Hauptsache als Kühlwasser für Wärmekraftwerke, als Brauchwasser für die chemische Industrie und zur Speisung des Kanalnetzes. Für diesen letzteren Zweck ist bei Hamm ein Sperrwerk durch den Fluß errichtet worden. Hier werden der Lippe im Jahr durchschnittlich 275 Mio m³ Wasser entzogen. Über den Datteln-Hamm-Kanal, den östlichen Abschnitt des Lippe-Seiten-Kanals, gelangt dieses Wasser bei Olfen in den Dortmund-Ems-Kanal. Auch für den westlichen und mittleren Lauf der Lippe gibt es seit 1926 einen wasserwirtschaftlichen Verband, den *Lippeverband* in Essen. Er umfaßt 2 780 km².

Die Aufgabe des Lippeverbandes ist es, mit Hilfe zahlreicher biologischer Kläranlagen die Wassergüte der Lippe und ihrer Nebenbäche in einem Zustand zu halten, daß keine biologischen Schäden auftreten und die Nutzung des Lippewassers als Brauch- und Kühlwasser für industrielle Zwecke möglich bleibt. Für diese Zwecke wurden bisher mehr als 200 Mio DM aufgewendet.

11.2. Die Energieversorgung – Wärmekraftwerke auf Steinkohlenbasis

Der Energiebedarf im Revier ist gewaltig. Einzelne Betriebe, wie z. B. die Chemischen Werke Hüls, benötigen weit mehr Energie als manche Großstadt. Dabei verdoppelte sich dieser Energiebedarf des Reviers in den letzten Jahrzehnten jeweils alle zehn Jahre. Gewiß haben für manche industriellen Bereiche Öl, Kokereigas und Erdgas die Kohle als Energiequelle verdrängt; sie ist trotzdem noch der bei weitem wichtigste Energiespender im Ruhrgebiet. Die Steinkohle wird vor dem Verkauf gewaschen oder wenigstens gesiebt. Dabei ergeben sich Rückstände in Grieß- oder Staubform, die nicht verkäuflich sind, da sie zum Teil nichtkohlehaltiges Gestein enthalten. Diese Abfallprodukte werden in Wärmekraftwerken in Elektrizität umgewandelt. Ein Gemeinschaftsunternehmen des Ruhrbergbaus, die Steinkohlen-Elektrizitäts-AG in Essen (STEAG), hat vor allem nach dem II. Weltkrieg eine Anzahl von Hochdruckkraftwerken errichtet, die solche Abfallkohle, gemischt mit vollwertiger Kohle, verwerten. In dem Maße, in dem der Energiebedarf des Reviers anstieg und die geförderte Kohle schwerer zu verkaufen war, stieg die Zahl der Wärmekraftwerke und erhöhte sich die Menge der in Elektrizität umgewandelten Kohle. Fast alle bedeuten-

Fig. 62. Kraftwerk am Rhein-Herne-Kanal, Herne

den Zechen des Reviers sind jetzt mit einem Großkraftwerk verbunden. Die ragenden Schornsteine, die mächtigen Gebäudeblocks der Kraftwerksanlagen in ihrer modernen Industrie-Architektur und die Reihen von Kühltürmen sind ein neues, auffälliges Element der Industrielandschaft des Reviers (Fig. 62). Allein in der Zeit von 1956–1969 hat die Elektrizitätserzeugung des Steinkohlenbergbaus an der Ruhr sich mehr als verdoppelt, von 10,6 auf 21,7 Mrd kWh. Ein Teil davon geht in das mitteleuropäische Strom-Verbundnetz. Außer den Kraftwerken der STEAG mit 3 000 MW (1971) bestehen im Ruhrgebiet noch eine Anzahl von Elektrizitätswerken, die von den beiden großen Energiegesellschaften des Reviers betrieben werden, den Vereinigten Elektrizitätswerken Westfalen (VEW) und dem Rheinisch-Westfälischen Elektrizitätswerk (RWE). Auch sie arbeiten im Revier mit Steinkohle, im Raum um Köln (Ville) arbeitet das RWE mit Braunkohle als Energieträger, ausgenommen Pumpspeicherwerke wie am Hengsteysee südlich von Dortmund und bei Plettenberg an der Lenne; in letzteren wird in Zeiten geringen Strombedarfs mit Hilfe von elektrischer Energie Wasser des Sees in einen beträchtlich höher gelegenen künstlichen Speichersee geleitet. Während der Bedarfsspitzen läßt man das Wasser wieder in die Turbinen herabstürzen. Der dabei erzeugte Strom entlastet das Stromnetz.

Das Ruhrgebiet hat sich seit 1960 zu dem Teil Deutschlands entwickelt, welcher die höchste Produktion an elektrischer Energie aufweist. Dabei ist die Kohle der mit Abstand wichtigste Energieträger.

11.3. Verkehr

11.3.1. Die Binnenschiffahrt

11.3.1.1. Die Schiffahrtswege

Das Rheinisch-Westfälische Industriegebiet hat innerhalb Deutschlands neben Berlin das dichteste Wasserstraßen- und Hafennetz. Dieses Wasserstraßennetz hat folgende Aufgaben:

- Verbindung des Reviers mit den deutschen, niederländischen und belgischen Seehäfen,
- Verbindung mit den deutschen Kanal- und Stromsystemen,
- Erschließung des engeren Reviers für Massenguttransporte.

Das System besteht aus folgenden Wasserstraßen:

Der *Rhein* als Rückgrat der westeuropäischen Wasserstraßen und zugleich verkehrsreichster Fluß Europas verbindet das Revier mit Süddeutschland (teils über die kanalisierten Flüsse Main und Neckar), mit Lothringen (über die kanalisierte Mosel), mit der Schweiz, mit den holländischen Seehäfen und mit Antwerpen in Belgien und – als Rhein-Seeverkehr – mit Spezialschiffen in direktem Verkehr vor allem mit den deutschen Nord- und Ostseehäfen, mit England, Skandinavien und den polnischen und russischen Ostseehäfen.

Der Dortmund-Ems-Kanal (DEK) hat einschließlich der unteren Ems eine Länge von 269 km; er wurde 1899 in Betrieb genommen. Der Bau dieses Kanals erfolgte, um vor allem die eisen- und stahlschaffende Industrie des östlichen Reviers, um Dortmund, konkurrenzfähig zu erhalten gegenüber den Hochofenwerken um Duisburg, welche von den Seehäfen Rotterdam und Antwerpen ausländische Erze zu günstigen Frachten auf dem billigeren Wasserwege über den Rhein beziehen können. Außerdem sollten über diesen Kanal Ruhrkohle und Koks billig in die deutschen Nordseehäfen gebracht werden, um dort der Konkurrenz der englischen Kohle entgegenzuwirken. Endhäfen des DEK sind im Binnenland Dortmund, an der Nordseeküste Emden, „der Seehafen des Reviers".

Der *Rhein-Herne-Kanal* ist 49 km lang; er wurde 1914 in Betrieb genommen. Er verläuft etwa parallel zur Emscher. An beiden Seiten des Kanals reihen sich Kohlenzechen. Er ist von vornherein vorwiegend als Kohlenkanal geplant worden und hat sich als solcher zur verkehrsreichsten künstlichen Wasserstraße Europas entwickelt. Mit dem Rhein ist er durch das System der Duisburg-Ruhrorter Häfen verbunden, mit dem DEK durch die imposanten Bauten der Schiffshebewerke in Henrichenburg, die in einer Art Fahrstuhlsystem den Niveauunterschied von 14 m Höhe überwinden.

Der Rhein-Herne-Kanal hat zudem für die anliegenden Industriewerke eine wichtige wasserwirtschaftliche Aufgabe; er versorgt sie mit industriellem Brauch- und Kühlwasser, je Tag rd. 500 000 m^3.

Die Ruhr wurde nur in den 11,8 km ihres Unterlaufs als Großschiffahrtsstraße bis Mülheim ausgebaut (Inbetriebnahme 1927).

Der Lippe-Seitenkanal ist 107 km lang und hat zwei Teilstücke, den älteren Datteln-Hamm-Kanal und den 1931 eröffneten Wesel-Datteln-Kanal. Er erschließt den Norden des Reviers für Massengutfrachten und schafft eine Verbindung mit dem Rhein und bei Datteln mit dem DEK. Außerdem hat er die Aufgabe, aus der Lippe (bei Hamm) und aus dem Rhein (bei Wesel-Friedrichsfeld) das westdeutsche Kanalnetz mit Wasser zu versorgen.

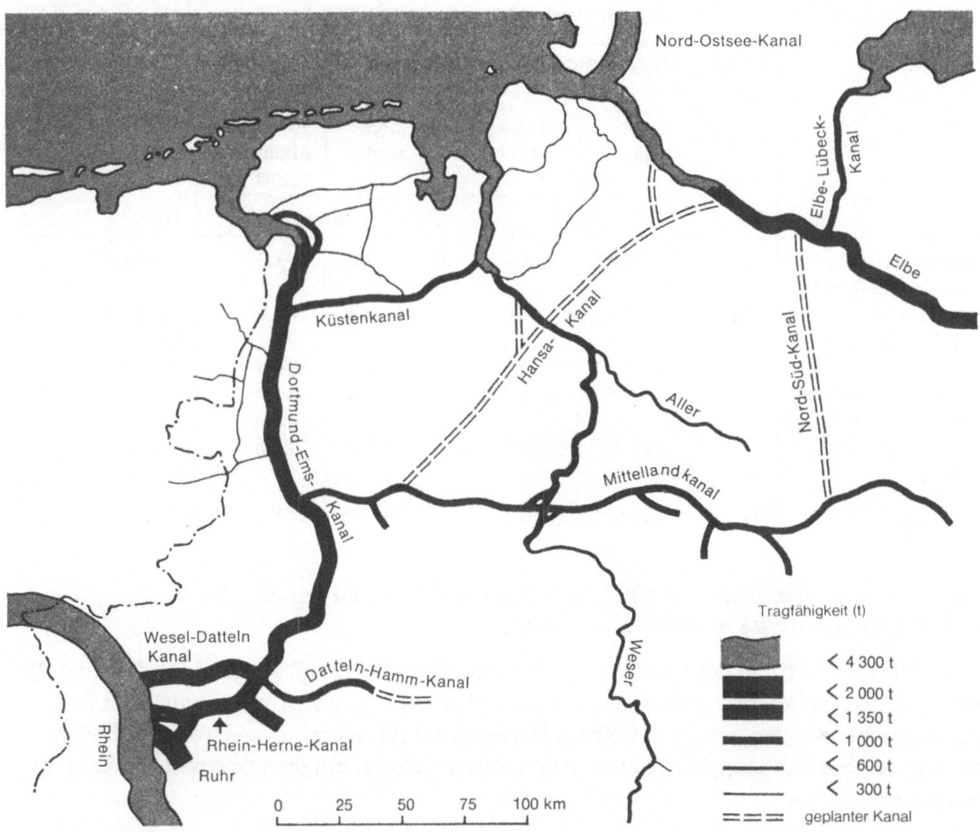

Fig. 63. Das Wasserstraßennetz Nordwestdeutschlands

Einen Überblick über das Kanalnetz des Reviers im Rahmen des nordwestdeutschen Binnenwasserstraßennetzes mit der jeweiligen Kapazität dieser Schiffahrtswege und den Ausbauplänen gibt die Fig. 63. Die Abbildung zeigt, daß die Wasserstraßen des engeren Reviers alle mit dem „Europa-Schiff" (1350 t) zu befahren sind. Für den DEK ist diese Schiffsgröße allerdings nicht mehr wettbewerbsfähig gegenüber dem Rhein mit Schiffsgrößen bis zu 4300 t und Schubschiffeinheiten um 8000 t. Zur Verbesserung der Verkehrsstruktur des Reviers gehört bereits jetzt ein Ausbau des Kanalnetzes, der seine Benutzung durch Großschiffstypen und mittlere Schubeinheiten ermöglicht. Dazu ist auch eine Erweiterung und Vergrößerung der Abstiegbauwerke (Schachtschleuse, altes und neues Schiffshebewerk) bei Henrichenburg nötig, die einen Engpaß im Wasserstraßenverkehr bilden (Tabelle 13).

Tabelle 13: Güterverkehr auf dem Kanalnetz des Ruhrgebietes 1969

Wasserstraße	Länge	Beförderte Güter		Geleistete Effektiv-tonnenkilometer		Güterverkehrs-dichte
		insge-samt	auf aus-ländischen Schiffen	insge-samt	von auslän-dischen Schiffen	
	km	1000 t		Mio tkm		1000 t
Ruhrwasserstraße	12	922,6	352,6	8,3	3,2	691,9
Rhein-Herne-Kanal mit Fortsetzung bis Henrichenburg	49	22939,4	5867,6	705,4	160,7	14396,6
Wesel-Datteln-Kanal	60	16885,9	4669,2	801,5	128,8	13357,5
Datteln-Hamm-Kanal	47	5916,8	1162,9	164,6	34,9	3502,5
Dortmund-Ems-Kanal von Dortmund bis Datteln	21	15418,5	1912,8	170,0	28,8	8094,3
von Dortmund bis Bergehövede	87	18043,9	1626,1	1450,5	124,0	16672,6

Dagegen beträgt die mittlere Verkehrsleistung des Rheins auf der Strecke Duisburg – niederländische Grenze rd. 100 Mio t Fracht.

In der Verkehrsleistung der Kanäle zeigt der Wesel-Datteln-Kanal steigende Bedeutung. Bei der geplanten Weiterentwicklung des Ruhrgebietes kann er in Zukunft einmal eine neue Industrieachse werden, wie es der Rhein-Herne-Kanal für den mittleren Teil des Reviers ist. Sein Ausbau mit Doppelschleusen ist ein erster Schritt, um dem wachsenden Verkehr gerecht zu werden.

11.3.1.2. Die Häfen und ihre Funktionen

Das Wasserstraßennetz des Rheinisch-Westfälischen Industriegebietes hat eine ungewöhnliche Hafendichte. Zur Zeit bestehen folgende Häfen (Tabelle 14):

Tabelle 14

Wasserstraße	öffentliche Häfen	Privathäfen
Rhein (von Düsseldorf bis Wesel)	8	16
Ruhr*)	1	1
Rhein-Herne-Kanal*)	5	20
DEK (Dortmund bis Datteln)	1	3
Lippe-Seiten-Kanal	4	15

*) ohne Anteil an den Duisburg-Ruhrorter Häfen.

Hinzu kommen Liegehäfen und Eisschutzhäfen.

Die *öffentlichen* Häfen haben fast ausnahmslos mehrere Funktionen zu erfüllen, es sind also multi-funktionale Häfen. Sie dienen zumindest dem Güterumschlag und der Versorgung mit Brennstoffen, Mineralölen, Baustoffen, Holz, Getreide und anderen Nahrungsmitteln. Solche Häfen sind Wesel, Dortmund, Lünen, Wanne-Ost und Recklinghausen.

Viele Häfen haben darüber hinaus spezielle Aufgaben für die örtliche Industrie im Bezug von Rohstoffen, etwa Erzen (Dortmund), oder im Versand von Industrierzeugnissen wie Kohle, Koks, Kunstdünger, Eisenhalbzeugen oder Fertigfabrikaten. Hinzu kommen Häfen mit Reedereien und Werften (Dortmund, Duisburg-Ruhrort) und Häfen mit typischen Handelsfunktionen, wie Düsseldorf, Neuß, Krefeld und Duisburg-Ruhrort am Rhein, Essen und Gelsenkirchen am Rhein-Herne-Kanal, Dortmund am DEK und Hamm am Lippe-Seiten-Kanal.

Die *privaten Häfen* sind industrieorientiert. Sie dienen der Schwerindustrie zum Bezug von Erzen, Schrott, Zuschlagmaterial und zum Versand von Halbzeugen und Fertigwaren, wie in Dortmund, am Niederrhein nördlich und südlich von Duisburg und in Gelsenkirchen. Diesen Hüttenhäfen gegenüber stehen die Häfen der Kraftwerke, Kohlenzechen, Raffinerien und Betriebe der Erdölchemie. Sie liegen besonders dicht am Rhein-Herne-Kanal, fehlen aber auch an den anderen Wasserstraßen nicht.

Alle diese Häfen gehören zum Landschaftsbild des Reviers. Ein dichtes Netz von Transportanlagen, von der offenen Seilbahn über das geschlossene Förderband bis zu dem dichten Gewirr von Werks-Eisenbahn- und Hafenbahnlinien, verbindet die Produktionsstätten mit den voll mechanisierten Verladestellen an den Schiffsliegeplätzen. Wie dicht ein solches industrielles Gleisnetz sein kann, zeigt der Raum um die Häfen von Duisburg-Ruhrort.

Die nach dem Güterumschlag wichtigsten Kanalhäfen des Reviers sind: Gelsenkirchen (6,3 Mio t), Dortmund (5,0 Mio t), Wanne-Eckel (2,7 Mio t), Essen (1,8 Mio t), Lünen (2,2 Mio t), Hamm (1,8 Mio t). (Alle Angaben für 1970).

11.3.1.3. Die Duisburg-Ruhrorter Häfen

Der bedeutendste Hafen des Reviers, zugleich der größte Binnenhafen Europas, ist der *öffentliche Hafen Duisburg-Ruhrort* (Fig. 64). Er ist der größte von vielen Häfen des Duisburger Raumes, die zusammen 1970 einen Güterumschlag von 41,2 Mio t aufwiesen. Der Duisburg-Ruhrorter Hafen entwickelte sich aus dem schon im 12. Jh. bekannten Rheinhafen bei Duisburg sowie aus dem Hafen von Ruhrort nahe der Mündung der Ruhr in den Rhein. War der Hafen von Duisburg ursprünglich ein reiner Handelshafen mit Verbindungen, die rheinaufwärts bis nach Straßburg und Basel, rheinabwärts bis Holland, Belgien und England reichten, so gewann Ruhrort seine Bedeutung vor allem durch die Kohlentransporte auf der seit 1780 schiffbaren Ruhr. Beide zusammen aber gelangten zu ihrer Größe, Bedeutung und umfassenden Funktion erst durch die Entwicklung des Ruhrreviers. Die kanalisierte untere Ruhr und der Rhein-Herne-Kanal sind über die Ruhrorter Häfen an den Rhein angeschlossen. Außerdem sind die Häfen auch mit den beiden übrigen Binnenverkehrsträgern, der Eisenbahn und dem Güterkraftverkehr, also dem Fernstraßennetz, eng verbunden.

Zu einer Zeit, als der Massengüterverkehr noch überwiegend auf dem Wasserwege erfolgte, erreichte der *öffentliche Duisburg-Ruhrorter Hafen* einen jährlichen Güterumschlag bis zu 27 Mio t (1913, 1926). Zur Zeit liegt der jährliche Umschlag bei 20 Mio t (1969). Dominante Güter sind im Versand Kohlen (3,3 Mio t), Eisen, Stahl und Eisenwaren (1,8 Mio t) und im Empfang Erze (6,3 Mio t), mineralische Rohstoffe und Mineralöle, deren Anteil von Jahr zu Jahr zunimmt und z. Z. 4,1 Mio t erreicht. Rund 42 000 Schiffe laufen jähr-

Fig. 64. Europas größter Binnenhafen, Duisburg-Ruhrort

lich den Duisburg-Ruhrorter Hafen an. Darunter befinden sich mehr als 1 800 Rhein-Seeschiffe, die ohne Umschlag den Duisburg-Ruhrorter Hafen mit europäischen Seehäfen verbinden, insbesondere in England und Skandinavien.

Mit 44 km Kai- und Uferlänge, 100 Portal- und Brückenkränen und Anlagen für den Container-Umschlag, 17 Getreidespeichern mit 141 500 t Fassungsvermögen, 506 Erdöltanks mit einem Fassungsvermögen von 907 500 m^3, zahlreichen weiteren Spezialanlagen für Umschlag und Verladung, mit einer Wasserfläche von rd. 220 ha, mit Werften, Reedereien, Getreidemühlen und Handelshäusern erreicht dieser Hafen die Ausmaße eines Seehafens (Fig. 65).

Die Ruhrorter Häfen waren jahrelang einer ernsten Gefahr ausgesetzt. Der Rhein vertiefte infolge der natürlichen Flußerosion sein Bett. Sein Wasserspiegel sank; dadurch erfolgte eine Absenkung des Wasserspiegels auch in den Hafenbecken. Die Becken verloren also an Wassertiefe. Um eine Ausbaggerung zu vermeiden, wurde in Absprache mit dem Bergbau der planmäßige Abbau von drei unter dem Hafen gelegenen Kohlenflözen begonnen. Durch diesen Abbau werden die gesamten Hafenanlagen über dem Abbaugebiet in einer Zeitspanne von etwa 20 Jahren seit 1955 um 1,60 bis 2,00 m abgesenkt (Fig. 66). Dadurch werden die für den Hafenverkehr nachteiligen Folgen der Rheinerosion wieder ausgeglichen (Fig. 67). Hier haben sich die im Revier so gefürchteten Grubensenkungen einmal positiv ausgewirkt.

Bezieht man auch die zahlreichen *Privathäfen* des Duisburger Raumes in diese Betrachtung ein, so ergibt sich ein Bild, das in sehr deutlicher Weise die Wirtschaftsstruktur und den strukturellen Wandel im Westen des Reviers kennzeichnet. 1913 betrug der Anteil der

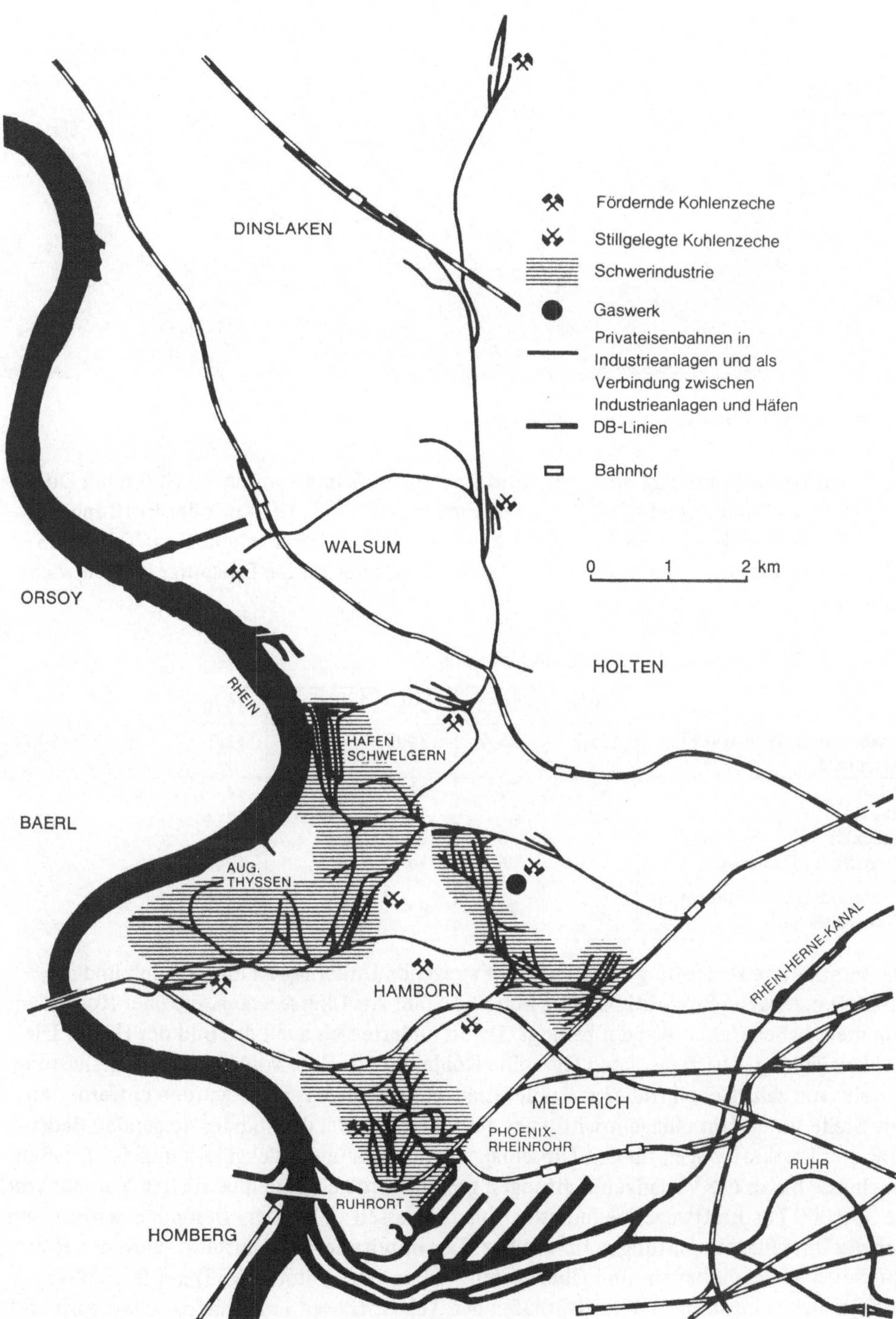

Fig. 65. Der Industrieraum Duisburg mit Häfen und Werksbahnen

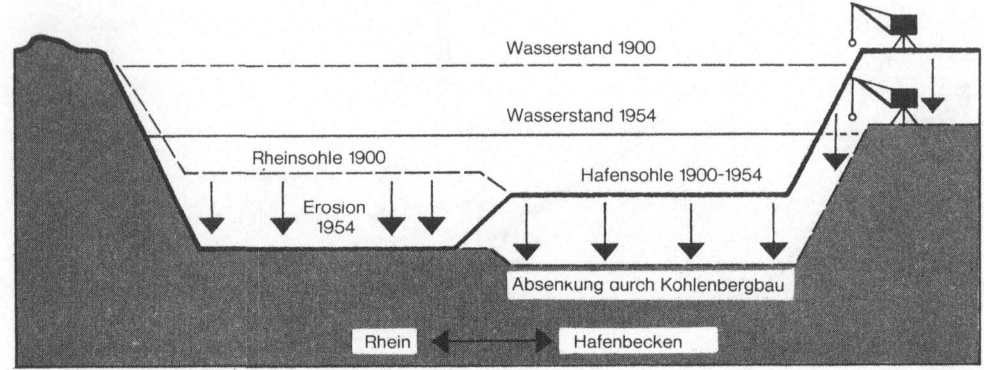

Fig. 66. Die Hafenabsenkung in Duisburg-Ruhrort

Kohle am Gesamtumschlag noch 26,7 Mio t, rd. 71 %. Damals waren die Häfen um Duisburg in erster Linie Kohlehäfen. Ein erster Einbruch erfolgte 1914 mit der Eröffung des Rhein-Herne-Kanals als typischem Kohlekanal mit zahlreichen Zechenhäfen. Tabelle 15 zeigt, wie sich in der weiteren Entwicklung der Anteil der für die Duisburger Häfen wichtigsten Massengüter änderte.

Tabelle 15: Die Duisburger Häfen im Strukturwandel

	1936	1955	1967	1969	1970
Gesamtumschlag in Mio t	25,7	25,4	34,6	40,4	41,2
davon in %					
Kohle	47	22	11	9	7
Erze	20	37	44	49	49
Mineralöl	1	8	12	10	10
Eisen, Stahl, Halbzeug	7	6	14	15	12
Gesamtanteil der wichtigsten Massengüter in %	75	73	81	83	78

Die verminderte Bedeutung der Kohle, der steigende Umschlag an Mineralölen und die gewaltig gestiegene Produktion von Eisen und Stahl aus Überseeerzen, die über Rotterdam kommen, haben diesen Wandel bedingt. Damit änderte sich auch das Bild der Häfen. Die Kohleverladung erfolgt nur noch über eine Kohlenmischanlage von 10 000 t Tagesleistung anstelle von zahlreichen früheren Kohleverladeeinrichtungen. Diese wurden entfernt; an ihre Stelle traten Umschlageinrichtungen für Mineralöl. Bei der ständig steigenden Bedeutung von Lastkraftwagen für den Umschlag von Massen- und Stückgütern mußten Straßenanschlüsse bis an die Verladeeinrichtungen gebaut werden, um den jährlichen Verkehr von rd. 300 000 Lastkraftwagen reibungslos ablaufen lassen zu können. Besonders wichtig wurden die Umschlageinrichtungen für das Erz. Der Import der um Duisburg gelegenen Hütten – einschließlich Rheinhausen und Oberhausen – stieg von 5 Mio t (1953) auf 20,2 Mio t (1970). Davon bewältigen der Privathafen der August-Hütten in Duisburg-Schwelgern und der „Nordhafen“ des Duisburg-Ruhrorter-Hafens 17 Mio t. Die Häfen um Duisburg sind also vorwiegend Erzhäfen geworden.

11.3.2. Der Eisenbahnverkehr

11.3.2.1. Das Streckennetz

Der Eisenbahnbetrieb setzte im Ruhrgebiet erst ab 1847 ein, und zwar nicht als Ergebnis einer einmaligen und großräumigen Planung, sondern infolge der Initiative privater Unternehmer aus lokalen und zeitbedingten Erfordernissen heraus. Erst 1879–1881 ging das den öffentlichen Verkehrsinteressen dienende Eisenbahnnetz in den Besitz des Staates über. Es ist auffallend, daß die Linienführung der West-Ost-Orientierung des Naturraumes, dem auch die Entwicklung des Wirtschaftsraumes parallel ging, folgte.

In W-O-Richtung verlaufen fünf Eisenbahnstrecken:

Die *Ruhrtalbahn* entlang der Ruhr;

die (heute) als *Bergisch-Märkische Bahn* bezeichnete Strecke Duisburg-Müllheim-Essen/Hbf. – Bochum-Dortmund;

die *Köln-Mindener Bahn* Duisburg-Oberhausen-Altenessen-Gelsenkirchen-Wanne/Eickel-Herne-Dortmund-Hamm;

die *Nordstrecke* Duisburg/Wedau-Oberhausen-Bottrop-Gladbeck-Buer-Recklinghausen-Lünen-Hamm;

die *Lippelinie* von Wesel nach Haltern.

Die Bergisch-Märkische Bahn ist die wichtigste Strecke für den Fern- und Berufsreiseverkehr. Die Köln-Mindener Bahn ist ebenfalls von Bedeutung für den Reiseverkehr und zusätzlich für den Güterverkehr mit täglich zahlreichen Eilgüterzügen. Die Nordstrecke verbindet als Hauptlinie des Güterverkehrs die beiden wichtigen Rangierbahnhöfe Duisburg Wedau im Westen und Hamm im Osten des Reviers miteinander.

Die Nord-Süd-Verbindungen sind innerhalb des Reviers weit weniger entwickelt. Am wichtigsten sind die Verbindungen von Bochum bzw. Essen über Wanne-Eickel nach Münster und weiter zu den norddeutschen Seehäfen und nach Skandinavien, die auch der Paris-Skandinavien-Expreß benutzt, und die rechtsrheinische Strecke, ein Zwischenglied in der internationalen Verbindung Italien-Schweiz-Niederlande. Von Bedeutung sind weiterhin die Verbindungen Dortmund-Lünen-Münster und Hamm-Münster.

Die *Eisenbahndichte* des Reviers ist außerordentlich hoch. Zu den rd. 5 500 km Gleisanlagen der Bundesbahn kommen weitere 4 350 km private Gleisanlagen von Industrie und privaten Verkehrsunternehmen. Dabei handelt es sich hauptsächlich um Lade- und Rangiergleise.

11.3.2.2. Der Eisenbahnverkehr

Dieses langsam und unter anderen als den heutigen Voraussetzungen gewachsene Liniennetz mit den Eckpunkten Köln – Duisburg – Hamm muß trotz seiner Unvollkommenheit ein gewaltiges Verkehrsaufkommen meistern.

Im Personenverkehr ist es Quell-, Ziel- und Durchreisegebiet für einen ganz Europa umspannenden Fernreiseverkehr mit unmittelbaren Verbindungen zu vielen europäischen Hauptstädten. Es ist zu gleicher Zeit Träger eines außerordentlich dichten Verkehrs von Berufspendlern. Es ist ein Kennzeichen der großen Bahnhöfe des Reviers, vor allem der

Bergisch-Märkischen und der Köln-Mindener Bahn, daß in den Morgenstunden zwischen 6 und 8 Uhr Zehntausende von Berufstätigen aus den Vororten und Nachbarstädten mit der Eisenbahn zu ihren Arbeitsplätzen fahren, zu der gleichen Zeit, wenn dichte Folgen von Frühschnellzügen diese Bahnhöfe frequentieren. Am gesamten Eisenbahnpersonenverkehr der Bundesrepublik Deutschland ist das Land Nordrhein-Westfalen mit 21 % beteiligt – bei einem Bevölkerungsanteil von über 25 % – (1969), wovon ein Drittel auf das Revier fällt.

Beim *Güterverkehr* dominiert naturgemäß der Wagenladungsverkehr. Mit 86,6 Mio t im Versand und 64,3 Mio t im Empfang (1969) bewältigt er rd. 40 % des Wagenladungsverkehrs in der BRD. Dabei liegen die für das Ruhrgebiet typischen Massengüter Koks, Kohle, Erz, flüssige Brennstoffe, Chemikalien, Rohstahl- und Walzwerkserzeugnisse, Halbzeuge, Maschinen und Fahrzeuge an der Spitze. Weniger wichtig als in anderen deutschen Wirtschaftsgebieten ist der Stückgutverkehr.

Dem Waggonumschlag dienen zahlreiche Rangierbahnhöfe. Auf ihnen werden die Güterwagen gesammelt und zu Zügen nach den einzelnen Zielbahnhöfen zusammengestellt. Jeder der großen Rangierbahnhöfe hat vorwiegend eine Richtung zu bedienen: So vermittelt z. B. Duisburg-Wedau den Güterverkehr mit Westeuropa, Hagen-Vorhalle mit Süddeutschland, Oberhausen-Osterfeld-Süd mit Belgien und Holland, und Hamm, neben dem sehr modern ausgebauten Rangierbahnhof Hagen-Vorhalle, der bedeutendste aller deutschen Rangierbahnhöfe mit einem Leistungsvermögen von 10 000 Waggons je Tag bei 73 Gleispaaren mit rd. 300 km Gleislänge, bedient den Güterverkehr mit Norddeutschland. Vor der Teilung Deutschlands mit der Errichtung des „Eisernen Vorhangs" vermittelte er vor allem den Verkehr mit Berlin, Mitteldeutschland und den deutschen Ostprovinzen, insbesondere auch für die Versorgung des Ruhrgebiets mit Lebensmitteln. Die Leistung der Rangierbahnhöfe spiegelt das Ausmaß des Güterumschlages im Revier wider. An einem Tag im Mai 1968 wurde auf einigen Verschiebebahnhöfen folgender Wagenumschlag gezählt: Hamm 7 420, Wanne-Eickel 5 957, Oberhausen-Osterfeld-Süd 4 852, Dortmund (Rangierbahnhof) 3 284, Duisburg-Wedau 2 747, Bochum-Langendreer 2 294 (Bochum-Langendreer ist zugleich der Container-Terminal für die Opel-Werke in Bochum).

Eisenbahn und Binnenschiffahrt sind Konkurrenten im Massengutverkehr, z. B. bei Erz und Kohle. Der Vorteil eines Transportes ohne wiederholte Umladung und Sondertarife der Bundesbahn für bestimmte Güterarten haben bis heute die Eisenbahn im Revier nicht nur gleichrangig neben der Binnenschiffahrt gehalten, sondern stellenweise, wie z. B. beim Erztransport in den Dortmunder Raum, bevorzugt.

Die erstaunlichen Leistungen der Eisenbahn sind nur durch fortwährende technische Vervollkommnung der Anlagen möglich. Die nach dem II. Weltkrieg durchgeführte Elektrifizierung erlaubt höhere Reisegeschwindigkeiten. Die Rangierbahnhöfe werden konzentriert und modernisiert, um den Güterumschlag zu beschleunigen.

Für die künftige Entwicklung liegen weitschauende Planungen vor im „Generalverkehrsplan des Landes Nordrhein-Westfalen", im „Entwicklungsprogramm Ruhr 1968–1973" und im „Nordrhein-Westfalen-Programm 1975". Sie sehen für den Eisenbahnverkehr eine grundlegende Modernisierung des Betriebes und des technischen Streckenausbaus vor, u. a. je zwei getrennte Gleispaare für den Fernreise- und für den Nahschnellverkehr. Von entscheidender Bedeutung für den Personenverkehr ist ein regionales ***Schnellbahn-System,*** das bis 1975 das gesamte Rhein-Ruhr-Gebiet von Hamm im Osten bis Krefeld im Westen und bis in den Kölner Raum im Süden umfassen, nach 1980 aber eine Verdichtung und eine Ausdehnung bis Bonn-Bad Godesberg erhalten soll. Mit der Inbetriebnahme einzelner Strecken wurde bereits begonnen. Wegen der großen Zahl der Haltestellen wird die Reisegeschwindigkeit nur 60 km/h betragen können.

Zur Ergänzung des S-Bahn-Netzes wird im Ruhrgebiet ein Stadtbahnnetz von 230 km Länge angelegt. Mit dem Bau wurde bereits 1969 begonnen. Das Stadtbahnnetz soll weitgehend in Hochlage verlaufen. Die Stadtbahn ist eine Personenverkehrsbahn mit innerörtlicher und städteverbindender Aufgabe. Sie wird kreuzungsfrei geführt und soll durch eine große Zahl von Haltpunkten ein hohes Maß an Effektivität erhalten. Die Reisegeschwindigkeit soll 40 km/h betragen. S-Bahn und Stadtbahn werden als ein gemeinsames Verkehrssystem für den regionalen Personenverkehr mit festen Fahrzeiten angesehen.
Die Stadtbahnen in Verbindung mit den S-Bahnen sollen ein größeres Maß an räumlicher Mobilität ermöglichen, welches für eine schnelle Anpassung an die wechselnden Situationen des Arbeitsmarktes in zunehmendem Maß erforderlich wird. Die Verknüpfungspunkte dieser beiden schienengebundenen Verkehrsträger sollen zu funktionstüchtigen Zentren innerhalb der Großstadträume ausgebaut werden. Im Endausbau sollen diese Knotenpunkte in einem Radius von höchstens 15 Gehminuten Wohnungen, Handwerk, Gewerbe, kulturelle und sportliche Einrichtungen für 30–40 000 Menschen bieten, dazu Betriebe von nicht störender Kleinindustrie.
Um eine schnellere Verbindung der großen Zentren des Rhein-Ruhr-Gebietes zu gewährleisten, als es die S-Bahn mit ihren zahlreichen Haltepunkten bietet, sollen bis 1975 im Rahmen der Planung der Deutschen Bundesbahn für einen ***Fernschnellverkehr*** die Strecken Bonn-Köln-Düsseldorf-Dortmund und Köln-Wuppertal-Dortmund so ausgebaut werden, daß sie mit neu zu entwickelnden Fahrzeugen mit einer Spitzengeschwindigkeit von etwa 200 km/h im Taktverkehr befahren werden können.

S-Bahn und Fernschnellverkehr tragen einer Entwicklung Rechnung, die bereits jetzt von Jahr zu Jahr sichtbarer wird: Die bisher noch getrennten Wirtschaftsräume „Niederrheinisch-Westfälisches Industriegebiet", die Industrieräume um Düsseldorf, um Köln und um Wuppertal wachsen zu einem geschlossenen Wirtschaftsraum zusammen. Diese Entwicklung muß durch eine großzügige Verkehrsplanung, auch auf dem Eisenbahnsektor, gefördert und unterbaut werden.
Der Beschleunigung und Rationalisierung des Güterverkehrs dient eine Vermehrung der Container-Umschlagplätze.

11.3.3. Das Ruhrgebiet im Autobahnnetz

Die Konkurrenz- und damit Leistungsfähigkeit des Reviers in der Zukunft, wenn Kohle, eisen- und stahlschaffende und -verarbeitende Industrie nicht mehr die allein dominierenden Wirtschaftsfaktoren sind, hängt weitgehend von einem Ausbau des Schnellstraßennetzes ab. Es muß in der Lage sein, den Großwirtschaftsraum Ruhr effektiv mit den

Wirtschaftsräumen in Europa zu verbinden und überhaupt erst einmal eine den Bedürfnissen angepaßte leistungsfähige Verbindung der einzelnen Produktionszentren innerhalb des Reviers herzustellen.

Im Ruhrgebiet leben rd. 9 % der Bevölkerung auf 1,8 % der Fläche der Bundesrepublik Deutschland. Von den im Bundesgebiet insgesamt vorhandenen Straßen liegen im Ruhrgebiet aber nur 4,2 %. Darum ist die Verkehrsdichte außerordentlich hoch: auf 1 km Straßenlänge kommen im Ruhrgebiet 55 Kraftfahrzeuge gegenüber 28 im Bundesdurchschnitt.

Das bisherige Schnellstraßennetz besteht aus folgenden Verbindungen:

Die Autobahn Köln-Berlin über Duisburg – Dortmund – Hannover. Sie berührt das Revier an seinem West- und Nordsaum und stellt die Verbindung her mit den Wirtschaftsräumen um Rhein und Main, mit Ostwestfalen um Bielefeld und mit Hannover.

Um eine kürzere und schnellere Verbindung dieser Autobahn und des östlichen Reviers um Dortmund mit Köln und Süddeutschland zu schaffen, wurde die Autobahn von Kamen im Osten des Reviers nach der Chemiestadt Leverkusen (Bayer-Werke) bei Köln gebaut, die zu gleicher Zeit den Bergischen Wirtschaftsraum um Wuppertal und Remscheid erschließt.

Von Oberhausen aus hat die Autobahn Köln-Berlin durch einen Autobahn-Neubau nach Arnheim in den Niederlanden Anschluß an das niederländische Schnellstraßennetz.

Von dem Autobahnknoten Kamen aus führt über Münster und Osnabrück die „Hansa-Linie“ nach Bremen und Hamburg.

Die Bundesstraße 1, die vor dem II. Weltkrieg als Reichsstraße 1 von Aachen über das Ruhrgebiet, Hannover, Berlin nach Königsberg in Ostpreußen führte, ist im Bereich des Ruhrgebiets wie eine Autobahn ausgebaut. Sie hat mit streckenweise 36 000 bis 40 000 Fahrzeugen pro Tag einen außerordentlich starken Verkehr.

1971 ist die Autobahn „Sauerlandlinie“ vollendet worden, eine der landschaftlich schönsten Autobahnen Deutschlands. Sie geht von Dortmund aus, tangiert Hagen, Siegen und bekommt über Gießen Verbindung mit der Autobahn Hamburg – Hannover – Kassel – Frankfurt. Diese speziell für die Bedürfnisse des Dortmunder Raumes und der eisenverarbeitenden Industrie um Hagen und Siegen erbaute Schnellstraße schafft die feste Straßenverbindung mit dem für die Ruhrgebietswirtschaft wichtigen Industrieraum um Frankfurt.

Ein Blick auf die Karte des west-mitteleuropäischen Autobahnnetzes zeigt (Fig. 67), daß mit diesen Schnellstraßen das Ruhrgebiet zu den durch Autobahnen am besten erschlossenen Wirtschaftsräumen gehört. Die Erfahrung hat aber gezeigt, daß dieses dichte Netz einem Großwirtschaftsraum von der Bedeutung des Ruhrgebiets noch nicht genügt. Notwendig ist eine Autobahn in Richtung auf den nordhessischen Wirtschaftsraum um Kassel. Mit dem Bau wurde 1968 begonnen, Teilstrecken wurden bereits eröffnet.

Die Autobahnen haben vorwiegend die Aufgabe, das Revier als Ganzes an andere Wirtschaftsräume anzuschließen. Für die Wirtschaft und für den Berufsverkehr des Raumes besteht aber ein Mangel an einer genügend dichten *inneren Erschließung* des Reviers. Darum wurde im August 1968 ein neues, sehr großzügiges Schnellstraßenprogramm für das Ruhrgebiet beschlossen mit dem Ziel, daß kein Punkt im Revier in Zukunft weiter als

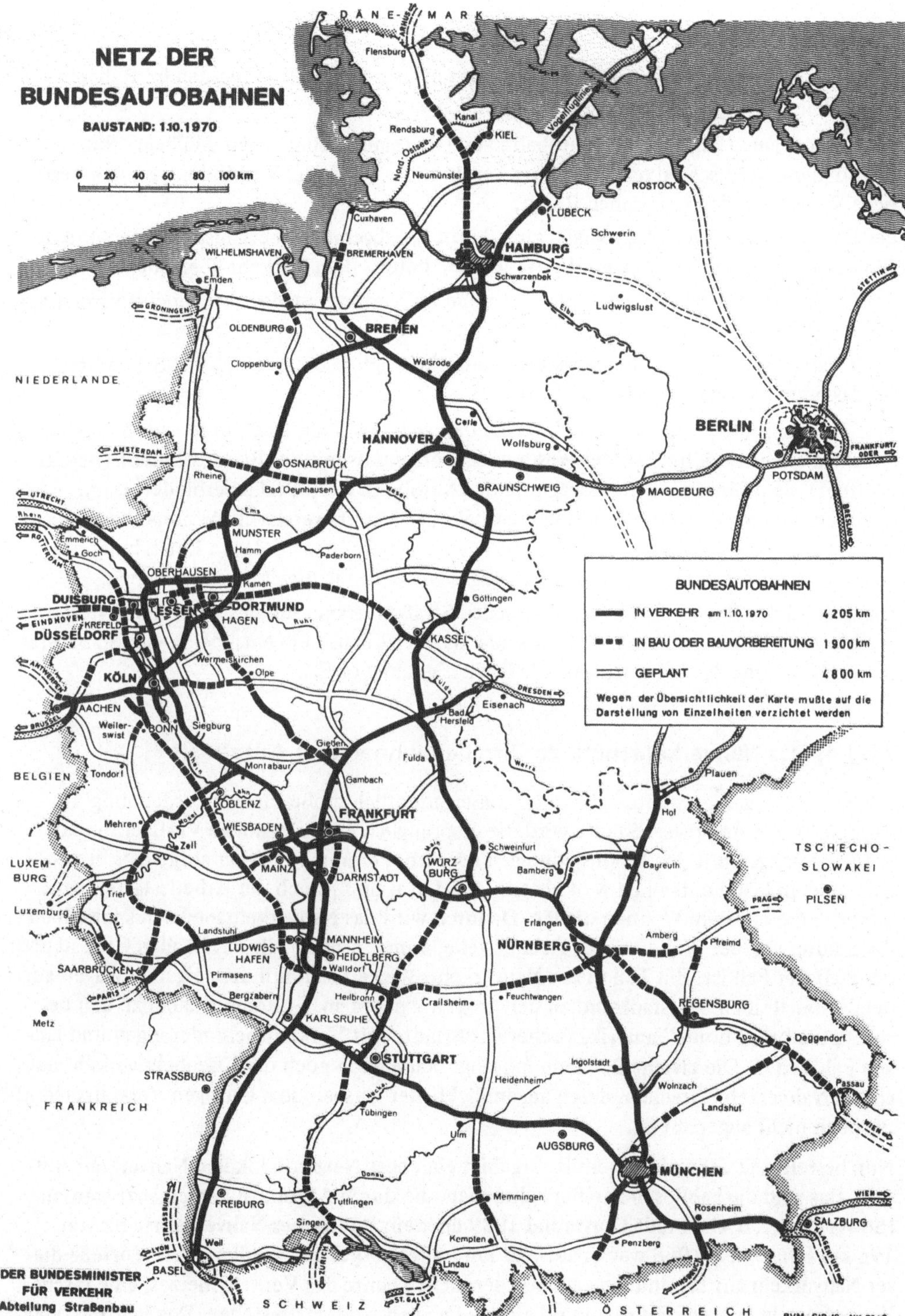

Fig. 67. Das Fernstraßennetz der Bundesrepublik Deutschland 1971

sechs Kilometer von einer Autobahnauffahrt entfernt sein soll. Es werden im Rahmen dieses Planes neu gebaut bzw. autobahnähnlich ausgebaut:

die 120 km lange Ruhrgebiets-Autobahn von Oberhausen über Essen, Mülheim, Wuppertal, Solingen, Remscheid nach Siegburg bei Bonn als Nord-Süd-Verbindung für das westliche Revier und den bergischen Raum;

der Emscherschnellweg, der parallel zum Autobahnabschnitt Oberhausen-Kamen und der Bundesstraße 1 verläuft; Teilabschnitte wurden bereits dem Verkehr übergeben;

der Schnellweg Düsseldorf-Bochum-Dortmund als Verbindung der drei neuen Universitätsstädte;

die Bundesstraße 51 Recklinghausen-Bochum-Haßlinghausen als Nord-Süd-Schnellstraße für das mittlere Revier (bereits in Betrieb);

die „Westtangente" von Dortmund. Es handelt sich dabei um eine kurze Autobahnstrecke, welche die Sauerlandlinie an der Westgrenze Dortmunds mit der Bundesstraße 1 (bereits eröffnet), dem Emscher-Schnellweg und der Autobahn Köln-Berlin verbindet. Damit wird wiederum die Nord-Süd-Verbindung innerhalb des Reviers verstärkt. Während das alte Schnellstraßennetz einseitig die West-Ost-Richtung betont, wird das in Entstehung begriffene Schnellstraßennetz wie ein engmaschiges Gitter das Ruhrgebiet durchziehen.

Damit wird das Revier die für den regionalen Straßenverkehr am besten und dichtesten erschlossene Industrielandschaft Deutschlands. Es ist damit ein entscheidender Schritt für die Verbesserung der Infrastruktur des Reviers getan worden.

11.3.4. Das Nahverkehrsnetz der Straßenbahnen und Autobusse

Viele der Ruhrgebietsstädte haben eine außerordentlich große Flächenausdehnung. Im Zuge der Sanierung dieser Städte wird die ursprünglich enge räumliche Verflechtung der Industrieanlagen mit den Wohnsiedlungen der Arbeiter immer stärker aufgelöst. In zunehmendem Maße entstehen weit abseits vom Lärm und Rauch der Arbeitsstätten neue Vororte, die nur dem Wohnen dienen. Dadurch wird das Nahverkehrsbedürfnis innerhalb der Städte, von der Wohnung zur Arbeitsstelle, immer größer, wie das in allen Großstädten der Welt der Fall ist. Ein Teil dieses Nahverkehrs wickelt sich mit dem eigenen Wagen auf den Einfallstraßen zur Stadt und zu den großen Werken ab. Es kommt dabei zu den berüchtigten "rush-hours" amerikanischer Großstädte mit Verkehrsbehinderungen und langen Fahrzeiten. Die gleiche Erscheinung zeigt heute auch noch der Eisenbahnverkehr auf seinen Nahverkehrsstrecken, deren augenblicklicher Ausbau dem heutigen Verkehrsbedürfnis noch nicht angepaßt ist.

Nun besteht seit Jahrzehnten im Ruhrgebiet ein enges Netz von lokalen Nahverkehrsmitteln. Das sind die zahllosen Straßenbahnlinien, die durch Autobuslinien ergänzt werden. (So verfügte z. B. die Stadt Dortmund 1939 über ein städtisches Nahverkehrsnetz von 196 km Länge; bis 1968 war es auf 323 km Länge ausgebaut worden.) Die Vorteile dieser Nahverkehrsmittel sind eine außerordentliche Dichte des Verkehrsnetzes, eine rasche Wagenfolge in starrem Fahrplan und eine hohe Dichte der Haltestellen. Das Fahrrad oder Moped hat im Ruhrgebiet zu keiner Zeit die Bedeutung als Verkehrsträger gehabt wie etwa in Dänemark oder den Niederlanden. Das übliche Nahverkehrsmittel für den Lokalverkehr waren früher und sind heute die Straßenbahn und der Bus. Das gilt sowohl für den Berufsverkehr wie für den Verkehr der Hausfrauen zu den Einkaufszentren als auch für den Besuch der zahlreichen Naherholungsgebiete an der Peripherie der Städte. Die Zahl der von Straßenbahn und Bus beförderten Personen (1969 = 485 Mio Personen) ist weit höher als die Personenbeförderungsleistungen aller anderen Verkehrsmittel zusammen. Aber dieser lokale Nahverkehr hat starke Nachteile. Überall, wo die Straßenbahnen keinen eigenen Gleiskörper haben, wie auf den meisten Linien innerhalb der dichter bebauten Stadtviertel, fließt der Verkehr langsam. Zur Zeit der Verkehrsspitzen sind die Fahrzeuge hoffnungslos überfüllt, während sie zu anderen Tageszeiten nicht so besetzt sind, daß sie wirtschaftlich fahren könnten. Darum sind sie für den Benutzer relativ teuer.

So bietet der Nahverkehr innerhalb des Reviers die gleichen Probleme wie in anderen großen Handels- und Industriestädten. Der Ausbau des Straßennetzes, der Ausbau des S-Bahn- und Stadtbahn-Verkehrs mit festen Fahrzeiten und einer fahrplanmäßigen Abstimmung aller Träger des Personenverkehrs untereinander sind energisch und in regionaler, nicht nur lokaler Verbindung in Angriff genommen worden.

12. Kulturelle und wissenschaftliche Einrichtungen

Das Revier als industrieller Entwicklungsraum hat in den ersten Jahrzehnten seines unsicheren und wenig planvollen Wachstums weder Zeit noch allgemeines Interesse für die Schaffung differenzierter kultureller Einrichtungen gehabt. Der Aufbau der Industrieanlagen, des Verkehrsnetzes und der Wohnungen nahm alle Kräfte und Mittel in Anspruch. Wer ins Revier einwanderte, suchte in erster Linie einen Arbeitsplatz und wollte Geld verdienen. Lediglich dem Ausbau des Schulwesens wurde größere Aufmerksamkeit gewidmet. Alle anderen kulturellen Einrichtungen: Theater, Opernhäuser, Gemälde-Galerien, Museen, Büchereien folgten, als sich die Entwicklung der Städte gefestigt hatte, als das Revier auch für die Zugewanderten zur Heimat geworden war und die wirtschaftliche Lage den Ausbau der kulturellen Einrichtungen ermöglichte. Das begann um die Jahrhundertwende und steigerte sich bis in die letzten 15 Jahre bei anhaltend guter Wirtschaftslage und steigenden kulturellen Ansprüchen der Bevölkerung. Heute ist das Revier nicht nur bevölkerungsmäßig der dichteste Ballungsraum der Bundesrepublik Deutschland, sondern auch das Gebiet, das auf engstem Raum die größte Sammlung kultureller Einrichtungen aufweist. Zwar fehlt vielen die Tradition und der materielle und kulturelle Reichtum, wie er in manchen Hauptstädten der früher so zahlreichen deutschen Staaten vorhanden ist, wie etwa in München, Dresden und Berlin. Aber das Niveau ist schon seit Jahrzehnten beachtlich und das Interesse der Bevölkerung ist lebhaft. So haben alle Gemeinden eine Volkshochschule und eine Bücherei, alle Städte ein Theater mit eigenem Ensemble und eigenem Orchester oder mit Gastvorstellungen der besten deutschen Theater und Orchester. Die „Ruhrfestspiele" in Recklinghausen (Fig. 68 und 69), eine Schöpfung des Deutschen Gewerkschaftsbundes, haben europäischen Rang und Ruf. Museen der verschiedensten Fachrichtungen gibt es in allen Städten; Weltruf genießen das Bergbau-Museum und die Geologische Sammlung der Berggewerkschaftskasse in Bochum.

Die städtischen Gemäldegalerien verfügen über eigene Bestände und zeigen in besonderen Ausstellungen aus Leihgaben die Werke aller Kunstepochen und bedeutender Künstler des In- und Auslandes. Die Villa Hügel bei Essen, einst Sitz der Familie Krupp, wurde durch solche Ausstellungen besonders bekannt. Von internationaler Bedeutung sind die „Kurzfilmtage" der Stadt Oberhausen.

Entscheidend für die Entwicklung des Reviers wurden die *Forschungseinrichtungen* großer Industriewerke, deren Bestand an Fachbüchern und Fachzeitschriften oft den Bestand von entsprechenden Universitäts-Instituten übersteigt. An öffentlichen Forschungseinrichtungen genannt wurden bereits (S. 78) das „Max-Plack-Institut für Kohleforschung in Mülheim/Ruhr", dem das Kohle-Hydrierverfahren und die Gewinnung von Polyäthylen, dem wichtigsten Rohstoff für die Kunststoffindustrie, gelang. Neben diesen bekannten Entdeckungen wurde in diesem Institut eine Gummimasse entwickelt, die dem Naturkautschuk völlig identisch ist, dazu Waschmittel, die von Bakterien abgebaut werden können, „Antiklopfstoffe" für hochoktanes Benzin und ein Verfahren, verschiedene Metalle langfristig gegen Korrosion zu schützen. Das „Max-Planck-Institut für Ernährungs- und Arbeitsphysiologie" in Dortmund wirkt wegweisend auf seinen Fachgebieten; dazu gehören auch

Fig. 68. Ruhrfestspielhaus in Recklinghausen

Fig. 69. Szenenbild aus Bert Brecht: Die heilige Johanna der Schlachthöfe, mit Eva Krotthaus in der Titelrolle, Ruhrfestspiele 1971

Forschungen über den bisher gänzlich unkontrollierten Einfluß der Automatisierung auf den arbeitenden Menschen. Hier ist auch das einzige Institut in der Welt, das sich lediglich mit Fragen der Kinderernährung beschäftigt. Die „Sozialforschungsstelle der Universität Münster", bisher in Dortmund, seit 1969 Kern der neuen Universität Bielefeld, lieferte wesentliche Beiträge zur Sozialstruktur des Reviers.

Das „Institut für Binnenschiffahrt" in Duisburg mit seinen großen Versuchskanälen ist einmalig in der Welt.

Der „Kohlenstoffbiologischen Forschungsstation" in Mülheim gelang es in 18jähriger Versuchsarbeit, durch Verwendung von Kohlensäure, einem Abfallprodukt der Ruhrindustrie, und Kunstdünger eine bestimmte Grünalge mit hohem Eiweißgehalt zu züchten. Völlig durchkonstruierte und produktionsreife Fabriken können die Produktion der Alge sofort aufnehmen. Die von der Sonnenstrahlung abhängige Photosynthese ist für die Algenproduktion von besonderer Bedeutung. Dadurch gewinnt diese Art der Eiweiß-Erzeugung an Gewicht für alle Entwicklungsländer der Tropen und Subtropen, deren Mangel an tierischem Eiweiß die Hauptursache für die Unterernährung ist. Die erste Fabrik wird nun in Indien errichtet.

Als Ergebnis der Forschungen am Atomreaktor in Jülich, einem Thorium-Hochtemperatur-Reaktor nach Professor *Schulten*, wird ab 1971 im Kraftwerk Schmehausen bei Hamm der Vereinigten Elektrizitätswerke Westfalen (VEW) ein 300 MW-Reaktor eingebaut, der vermutlich bahnbrechend für die Elektrizitätserzeugung sein wird. Neben der Lieferung von jährlich zwei Mrd kW Atomstrom soll mit diesem Kernkraftwerk nachgewiesen werden, daß die Errichtung von sicheren und wirtschaftlich konkurrenzfähigen Thorium-Hochtemperatur-Reaktoren möglich ist.

In der „Rheinisch-Westfälischen Akademie der Wissenschaften", bis 1969 „Arbeitsgemeinschaft für Forschung", hat das Land Nordrhein-Westfalen eine Institution, die mit staatlicher und industrieller Förderung wesentliche und zeitgerechte Einzelforschungsaufgaben auf allen Gebieten der Naturwissenschaften, der Technik und der Wirtschaftswissenschaften fördert. Bisher wurden rd. 2300 Forschungsberichte veröffentlicht.

Als schwerer Mangel in der Infrastruktur des Reviers wurde über Jahrzehnte hinweg das Fehlen einer Universität mit Forschungs- und Ausbildungsinstituten, die auf das Ruhrgebiet ausgerichtet sind, empfunden. Nunmehr entstehen zwei Universitäten, die Ruhr-Universität in Bochum (Fig. 70) für etwa 19 000 Hörer und die Universität Dortmund, eine vorwiegend Technische Universität, für etwa 8 000 Studenten. Während die Universität Bochum bereits im Jahre 1962 ihren Lehr- und Forschungsbetrieb aufnahm, ist die Universität Dortmund 1968 eröffnet worden. In unmittelbarer Nähe des Reviers, in Düsseldorf, wurde die Medizinische Akademie zur Universität erweitert. Universitätsrang erhielt auch die Pädagogische Hochschule Ruhr.

Weitere Universitäten sind in Nordrhein-Westfalen u.a. für Duisburg und Essen 1971 vom Landtag beschlossen worden. Diese geplanten und auch die bestehenden Universitäten und Fachhochschulen sollen die Struktur von Gesamthochschulen erhalten. Das Ruhrgebiet soll ein Hochschulzentrum werden. Stark ausgebaut wurde in den letzten Jahren die Ausbildung von Ingenieuren. In Bochum, Dortmund, Duisburg, Essen, Gelsenkirchen und Hagen gibt es Fachhochschulen für Ingenieure der verschiedensten Fachrichtungen.

Fig. 70. Die Ruhruniversität in Bochum

Fig. 71. Wilhelm-Röntgen-Realschule und Leibniz-Gymnasium in Dortmund

Noch vor wenigen Jahren zeigte die Arbeiterbevölkerung des Ruhrgebietes ein bemerkenswert geringes Interesse an einer weiterführenden Schulbildung ihrer Kinder. Das hat sich geändert. Wie die steigenden Ansprüche an den Facharbeiter die Entwicklung von Fachschulen förderten, so erzwang der immer größere Bedarf an Führungskräften in allen Bereichen des täglichen Lebens den Ausbau des höheren Schulwesens (Fig. 71). Darum wird in allen Städten und größeren Gemeinden zur Zeit die Zahl der Realschulen und Gymnasien beträchtlich vermehrt. Die Arbeiterbevölkerung hat für ihre eigenen Kinder die neuen Möglichkeiten für einen sozialen Aufstieg erkannt. Die höheren Schulen werden deshalb nicht mehr überwiegend von Kindern des sozialen Mittel- und Oberbaus besucht, wenn die soziale Herkunft der Schüler auch heute noch nicht ein Spiegelbild der Sozialstruktur des Reviers gibt.

13. Freizeit und Erholung

13.1. Im engeren Revier

Die Ansprüche der Ruhrbevölkerung an Freizeit und Erholung haben im Laufe der Industrialisierung eine zeitbedingte Entwicklung durchgemacht. Zu Beginn überwog bei den Familienvätern die Beschäftigung mit Gartenarbeit und Kleinviehhaltung, bei Unverheirateten der abendliche Besuch einer Gaststätte. Einen Teil der Sonntage verbrachte man früher gerne bei Spaziergängen in den überwiegend zu Repräsentationszwecken geschaffenen Stadtparks und in Gartenrestaurants mit Kinderspielplätzen an der Peripherie der Städte. Damals wie heute hat das Vereinswesen eine große Rolle gespielt. Die Zugehörigkeit zu mehreren Vereinen mit ihren Stammtischen und gesellschaftlichen und geselligen Veranstaltungen ist kennzeichnend. Wirtschaftliche Vereine (Kleingarten-, Kleinviehhalter- und Brieftauben-Vereine), Sportvereine, religiöse Vereine, landsmannschaftliche Vereinigungen, wissenschaftliche und kulturelle Vereinigungen gab und gibt es in großer Zahl, wie überall in Deutschland. Dabei entwickelten sich schon früh Freizeitgewohnheiten, die besonders typisch für das Revier wurden. Dazu gehört das aktive und passive Interesse am Radsport, Pferderennsport und am Fußballspiel. Besonders der Fußballsport lockt allwöchentlich Hunderttausende von Zuschauern an, zumal das Revier über mehrere Fußball-Klubs verfügt, die seit Jahrzehnten deutsche Spitzenmannschaften stellen.

Diesen Massenveranstaltungen gegenüber stehen Freizeitbeschäftigungen, die eher den besinnlichen Menschen ansprechen. Da ist besonders der für das Revier so überaus kennzeichnende Brieftaubensport zu nennen. Er hat seinen Sitz vor allem in den Werkskolonien. Der „Taubenvater" verbringt nahezu seine ganze Freizeit mit der Pflege seiner wertvollen Schützlinge. Bei den großen Fernflügen der Brieftauben nimmt nicht nur er, sondern nimmt die ganze Siedlung Anteil am Erfolg seiner Tauben. Mitbestimmend für das kulturlandschaftliche Bild des Reviers ist die Kleingartenkolonie (Fig. 72). Sie ist in allen sozialen Schichten gleich stark vertreten und wird von den Städten und großen Industriewerken gleichermaßen gefördert. Es handelt sich dabei um Vereine, die eine Anzahl von Einzelgärten in der Größe von durchschnittlich je 400 m^2 zusammenfassen. Diese Fläche wird gartenbaulich mit Gemüse, Blumen und Obst genutzt. Auf jeder Parzelle steht eine wetterfeste Aufenthaltshütte (Gartenlaube). Die bei ständigem Wettbewerb der Vereine untereinander sehr gepflegten Einzelgärten sind durch gärtnerische Anlagen parkartig erweitert und in den meisten Fällen der Öffentlichkeit zugänglich. Sie stellen also zusätzliche Parkanlagen dar. Wie weit diese Kleingartenvereine verbreitet sind, zeigen folgende Zahlen: Dortmund hat 88 Gartenanlagen mit 7 023 Einzelgärten, Bochum 55 mit 3 792, Gelsenkirchen-Buer mit Horst 31 mit 3 038. Insgesamt sind im Bereich des Ruhrsiedlungsverbandes 37 404 Dauerkleingärten (ohne die Hausgärten) vorhanden (Stand: 1.11. 1968). Tausende von Anwärtern warten auf die Möglichkeit, einen Dauerkleingarten pachten zu können. Die Gärten nehmen eine Fläche von rd. 1 600 ha ein und lockern in ihrer breiten Streuung die Bebauungsdichte auf. Vielfach stellen sie Teilabschnitte der lokalen und regionalen Grünzüge dar.

Fig. 72. Kleingartenkolonie

Die zahlreichen Gaststätten haben ihre dominierende Stellung als abendlicher Erholungsort verloren. In dem Maße, wie die Wohnungen behaglicher wurden und Rundfunk und Fernsehen Eingang fanden, trat die Bedeutung der Gaststätten zurück, ebenso der Besuch der Kinos. Der Ausbau der Volkshochschulen und weiterer Bildungsmöglichkeiten für schulentlassene Jugendliche und Erwachsene wird von allen sozialen Schichten genutzt, während die Besucher der stets vollen Theater und Konzerte auch heute noch überwiegend aus der sozialen Mittel- und Oberschicht kommen.

13.2. Naherholungsgebiete

Die im Kernraum des Reviers vorhandenen Naherholungsmöglichkeiten mit zahlreichen Hallen- und Freischwimmbädern, Tennisplätzen und Spielplätzen entsprechen nach Ausdehnung und Ausstattung nicht mehr den heutigen Ansprüchen. Darum werden innerhalb der dichtbesiedelten Kernzone *Freizeitparks* geschaffen. Sie sollen der Freizeit- und Wochenenderholung im Revier dienen, durch öffentliche Verkehrsmittel leicht zu erreichen und von vornherein nicht der Gefahr der Überfüllung ausgesetzt sein. Sie sollen jeweils zwei Städten dienen. Ihre Größe soll 20–25 ha betragen; sie sollen Anlagen für Spiel, Sport, Schwimmen enthalten, aber auch eine gleich große Zone für die stille Erholung.

Solche Freizeitparks sind vorgesehen für: Herne-Bochum (bereits eingerichtet), Gelsenkirchen-Essen, Bottrop-Oberhausen, Dortmund-Castrop-Rauxel, Duisburg-Oberhausen. Sie werden wesentlich zur Verbesserung der Infrastruktur des Reviers beitragen.

Von besonderer Bedeutung sind die ***Naherholungswälder.*** Man versteht darunter Waldflächen von wenigstens 15 ha Größe, die nicht weiter als 30 Gehminuten von den Wohnvierteln entfernt liegen. Im Revier gibt es insgesamt 78 solcher Wälder mit zusammen 15 052 ha. Es ist überwiegend Privatwaldbesitz, der zum größeren Teil unter Landschaftsschutz steht und auch durch die Baumaßnahmen der nächsten 10 Jahre nicht wesentlich betroffen wird. Diese Wälder verteilen sich als ein lockerer Ring um das engere Revier mit Schwerpunkten jeweils im Süden der Städte Dortmund, Duisburg und Essen und im Norden der Städte Bottrop, Gelsenkirchen und Castrop-Rauxel. Für den Ballungskern des Reviers sind nur knapp 7 000 ha erreichbar (= 18,3 m^2 Wald je Einwohner). Alle diese Wälder sind weitgehend frei von unmittelbarer Luftverunreinigung.

Manche der Grubensenkungsgebiete sind so stark unter den Grundwasserspiegel geraten, daß sich Seen und Ketten von Weihern gebildet haben. Einige davon sind in die Planungen für die Einrichtung von Naherholungszentren einbezogen worden. Um die Ausdehnung der Wasserflächen zu vergrößern, werden durch einen verstärkten Abbau von Kohle diese Senkungsgebiete kontrolliert erweitert. Dadurch werden zusätzliche Wassersportmöglichkeiten geschaffen, wie sie in Duisburg-Wedau durch Kiesbaggereien entstanden und bisher bereits die Anlage einer zwei Kilomter langen Regattastrecke ermöglichten.

13.3. Naturparke

Mit der 5-Tage-Woche und der zunehmenden Motorisierung entstand die Möglichkeit einer Wochenenderholung außerhalb des Reviers. Wald und Wasser sind dabei die lockendsten Ziele. Im Kernraum des Reviers entfallen auf den Kopf der Bevölkerung nur 18 m^2 Wald, im Gebiet des Siedlungsverbandes Ruhrkohlenbezirk 165 m^2 und in Nordrhein-Westfalen 600 m^2. Außerhalb des engeren Reviers sind also noch beträchtliche Waldgebiete vorhanden, im Süden vor allem auf den Bergen beiderseits der Ruhr, im Bergischen Land und im Sauerland, im Norden in den stark bewaldeten Hügellandschaften beiderseits der Lippe um die Stadt Haltern, im Westen links des Niederrheins um Xanten, Issum, Kevelaer und Straelen.

13 Gebiete in Nordrhein-Westfalen sind bisher als Naturparke anerkannt und ausgebaut worden (Fig. 73). Sie liegen fast alle rund um das Ruhrgebiet. Die Naturparke umfassen zusammen eine Fläche von mehreren 1 000 km^2. Die Erschließung umfaßt den Ausbau guter Durchgangsstraßen, den Ausbau zahlreicher Parkplätze und die Schaffung bzw. Kennzeichnung von vielen hundert Kilometern Wanderwege. Es handelt sich um „Auto-Rundwanderwege“ von 1–7 Wanderstunden Länge, die so geführt sind, daß sie nicht nur die landschaftlichen Schönheiten erschließen, sondern auch wiederum zum geparkten Auto auf den Parkplatz zurückführen. Zahlreiche Hotels, Pensionen, Gaststätten, Jugendherbergen und Campingplätze dienen der Beherbergung, Wassersportmöglichkeiten bzw. Skilifte, Sprungschanzen und Rodelbahnen der sportlichen Betätigung. Die weiten Waldungen bieten auch Einsamkeit und Ruhe. An besonderen Schwerpunkten entstehen Wochenend-Erholungszentren mit Abstellplätzen für Campingwagen, Sport- und Spielplätzen und Wochenendhütten.

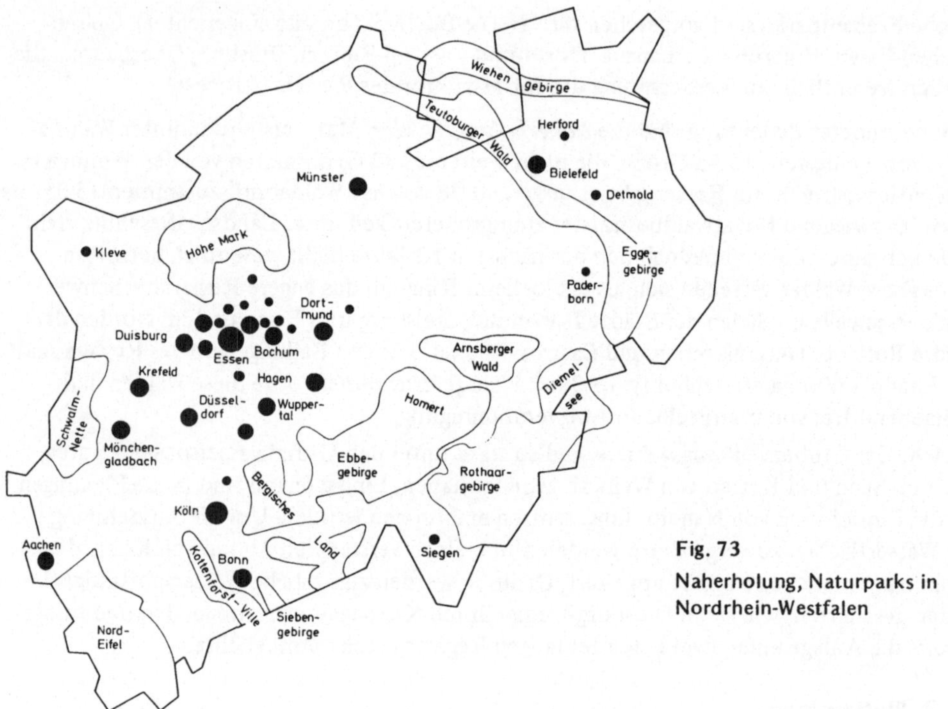

Fig. 73
Naherholung, Naturparks in Nordrhein-Westfalen

14. Das Revier der Zukunft

14.1. Die Strukturkrise im Ruhrgebiet und ihre Auswirkungen

Seit mehr als 100 Jahren ist das Ruhrgebiet das bedeutendste Industriezentrum Deutschlands und Europas. Hier wohnen 9 % der Bevölkerung der Bundesrepublik Deutschland (BRD) auf nur 1,8 % ihrer Fläche. Die Einwohnerdichte beträgt 1225 Einwohner je Quadratkilometer gegenüber 245 in der BRD. 1970 erzeugte das Revier 82 % der Steinkohlen, 63 % des Roheisens, 61 % des Rohstahls der BRD. 59 % des Brutto-Inlandsproduktes entfielen auf den sekundären Wirtschaftssektor Industrie und Gewerbe, in der BRD 54 % (1969). Diesen imponierenden Zahlen gegenüber ist aber festzustellen, daß die Bevölkerung des Reviers 1969 nur 8 % Anteil am gesamten Brutto-Inlandsprodukt der BRD hatte und daß ihr Lebensstandard geringer ist; so besitzen die 9 % der Revier-Bevölkerung nur 7 % der Kraftfahrzeuge in der BRD. Die Steuerkraft pro Kopf der Bevölkerung ist weit geringer als in anderen Industriegebieten der BRD. Das Gewerbesteueraufkommen pro Kopf der Bevölkerung betrug 1960 64 DM, 1968 sogar 182 DM weniger als in vergleichbaren Städten der BRD.

Das sind Anzeichen für eine ungünstige Wirtschaftsstruktur. Ein Vergleich mit anderen bundesdeutschen Wirtschaftsräumen zeigt das. Es gibt Industriezweige, die in den letzten Jahren der ungewöhnlich guten Wirtschaftskonjunktur rasch angewachsen sind; das sind die *wachstumsstarken* Industrien. Es gibt aber auch *wachstumsschwache* Industrien. Als Beispiel sollen die Indices verschiedener Industriezweige nach ihrer Netto-Produktion von 1958–1966 in der Bundesrepublik genannt werden (1958 Index für jeden einzelnen Industriezweig 100): gesamte Industrie 160, Chemische Industrie 235, Mineralöl-Industrie 350; dagegen: eisenschaffende Industrie 135, Eisen- und Stahlgießereien 105, Kohlenbergbau 90.

Im Bereich des Ruhrsiedlungsverbandes, in dem der Kohlenbergbau und die eisen- und stahlschaffende und verarbeitende Industrie recht einseitig dominieren, stehen 62,5 % wachstumsschwacher Industrie nur 21 % wachstumsstarke Industrie gegenüber, dagegen im Rhein-Main-Gebiet (Großraum Frankfurt) 20 % : 59 % und in Nord-Württemberg (Großraum Stuttgart) 25 % : 58 % (jeweils gemessen an der Zahl der Beschäftigten). Während im Ruhrgebiet das Bruttoinlandprodukt von 1957–1968 um 80 % anstieg, war für die gesamte Bundesrepublik in der gleichen Zeitspanne ein Anstieg von 147,8 % festzustellen.

Auch in den Umsatzzahlen der Industrie spiegelt sich die schwierige Lage des Ruhrgebiets wider (Tabelle 16).

Tabelle 16: Umsatz der Industrie 1951–1970
Index-Zahlen (1951 = 100)

	1951–1970
Ruhrgebiet	+ 279,6
NRW	+ 296,7
Baden-Württemberg	+ 413,8
Bayern	+ 446,4
Hessen	+ 426,6
BRD	+ 370,2

Es ist also nicht der Wettkampf Kohle : Erdöl allein, der seit Jahren dem Revier wirtschaftliche Schwierigkeiten bereitet. Es ist vor allem das Problem der ungünstig einseitigen Wirtschaftsstruktur. An der Ruhr ist eine Strukturkrise festzustellen, wie sie alle einseitig strukturierten Wirtschaftsräume der Erde befallen kann, wenn sich wesentliche Produktionsgrundlagen ändern oder entscheidende Produkte ihre alte Bedeutung verlieren.

Einen Eckpfeiler für die Strukturkrise bildet die *Kohle.* Sie hat nicht mehr die monopolartige Bedeutung für Hausbrand und Energieversorgung wie früher. Sie verlor viele ihrer Verbrauchergruppen an andere Energieträger, wie Öl, Erdgas und Elektrizität. Zudem verlor die Ruhrkohle viele ihrer ausländischen Absatzmärkte an Länder, die nunmehr eigene Kohlenvorräte ausbeuten oder deren Kohlenlager wirtschaftlicher abzubauen sind als die schwierig gelagerten Kohlenvorräte im niederrheinisch-westfälischen Kohlenrevier. Allein in der Zeitspanne 1958–1971 sank die bergbauliche Belegschaft von 489000 auf 197790 Arbeitskräfte, die Förderung von 122 auf 91 Mio t. Für die 200000 noch voll arbeitsfähigen Arbeitskräfte müssen neue Arbeitsplätze geschaffen werden. Die Zahl der fördernden Zechen ging beträchtlich zurück, aber die pro Mann und Schicht-Förderleistung hat sich verfreifacht, von 1300 auf 3893 kg. Damit stieg die Rentabilität. In dem Maße, in dem weitere, nicht voll rentable Zechen geschlossen bzw. zusammengelegt und die Mechanisierung fortgesetzt wird, wird die Rentabilität weiter ansteigen. Wenn die auf 90 Mio t geplante künftige Jahresförderung gehalten werden soll, müssen die Voraussetzungen für einen sicheren Absatz geschaffen werden. In erster Linie ist der Koks zu nennen. Ungeachtet der für die Eisen- und Stahlindustrie typischen konjunkturellen Schwankungen ist mit einer zunehmenden Eisen- und Stahlerzeugung zu rechnen. Es sind bis jetzt noch keine wirtschaftlichen Verfahrenstechniken bekannt, die den Koks beim Hochofenprozeß ausschalten könnten. Die rückläufige Kohlenförderung und Kokserzeugung in den Montanunion-Ländern und der beträchtlich gestiegene Koksbedarf in der ganzen Welt führten bereits 1969 und 1970 zu katastrophalen Koks-Verknappungen. Hier bieten sich für die als Lieferant eines hervorragenden Hochofenkokses bekannten Partien der Eß- und Fettkohle des Ruhrgebiets steigende Möglichkeiten des Absatzes, nicht nur in Deutschland, wenn auch weltweite Einbrüche in die Stahlerzeugung vorübergehend wieder zu Kokshalden führen können, wie 1971.

Auch für die Elektrizitätserzeugung ist die Kohle noch von tragender Bedeutung, wenn auch der Einbruch von Gas immer fühlbarer wird und die Atomenergie langsam an Boden gewinnt. Es bleibt weiterhin die Verwendung der Kohle für die Kohlenwertstoffgewinnung.

Mit der Stillegung vieler Zechen verminderte sich der Bedarf an all den Maschinen und anderen Ausrüstungsteilen, welche die Gruben benötigten. Sie wurden bisher von einer räumlich breit gestreuten *Bergbau-Zulieferer-Industrie* hergestellt. Diese Industrie hatte ihre wichtigsten Standorte im Revier oder am Rande des Reviers. Viele dieser Betriebe gerieten in Schwierigkeiten oder mußten sich in ihrer Produktionsrichtung umstellen.
Eisen und Stahl sind der andere Eckpfeiler der Strukturkrise des Reviers. Vor dem I. Weltkrieg gab es etwa sechs stahlerzeugende und stahlexportierende Länder in der Welt. Deutschland war eines der bedeutendsten; allein das Revier deckte rd. 14 % des Eisen- und Stahlbedarfs der Welt. Heute gibt es rd. 36 stahlerzeugende und -exportierende Länder, und der deutsche Marktanteil an der Weltproduktion betrug 1970 nur noch 7,5 %, derjenigen des Ruhrgebiets 4,75 %. Der Wettbewerb auf dem internationalen Eisen- und Stahlmarkt ist

außerordentlich scharf. Zwar nutzt die eisen- und stahlschaffende Industrie des Reviers ihre hohe Kapazität restlos aus; um aber überhaupt mit Gewinn arbeiten zu können, muß auch bei diesem Industriezweige auf das schärfste rationalisiert werden. Das bedeutet eine hohe Einsparung an Arbeitsplätzen, und für diese freiwerdenden Arbeitskräfte müssen ebenfalls neue Arbeitsplätze in anderen Industriezweigen gefunden werden. Das Gesamtergebnis für die Beschäftigten in Kohle, Eisen und Stahl: 1956 arbeiteten 60 % aller Industriebeschäftigten für diese Wirtschaftszweige, 1969 dagegen nur noch 47,3 %.

So ist es erstmalig seit dem II. Weltkrieg nicht nur zu einer Stagnation der Bevölkerung gekommen, sondern zu geringfügigen Wanderungsverlusten, von denen vor allem die Gemeinden betroffen wurden, deren Wirtschaftsstruktur zu einseitig auf Kohle, Eisen und Stahl beruhte, wie Duisburg, Essen, Bochum, Dortmund, Gelsenkirchen, Bottrop, Castrop-Rauxel und Wanne-Eickel. 1966 verlor das Ruhrgebiet rd. 60 000, 1967 rd. 32 100, 1968 rd. 30 000 Einwohner. Erst ab 1969, bei einem ungewöhnlichen Wirtschaftsboom, war wieder ein leichter Bevölkerungszuwachs zu verzeichnen. Es sind zumeist jüngere, wertvolle Arbeitskräfte, die in die Gebiete der Wachstumsindustrien um Frankfurt, Stuttgart und nach Bayern abwanderten. Vor allem die Abwanderung von der Kohle, die seit einem Jahrhundert als besonders sicherer Arbeitgeber galt, hat inzwischen ein solches Ausmaß angenommen, daß der Ruhrbergbau bereits einen Mangel an Arbeitskräften aufweist, der durch ausländische Arbeitskräfte ausgeglichen werden muß. Es fehlen vor allem junge Nachwuchskräfte, weil im Revier das Vertrauen in den Bergbau als sicherem Arbeitgeber erschüttert wurde und der junge Bergmann eher geneigt ist abzuwandern, als Angehörige anderer Berufe. Es hat sich in der Strukturkrise aber überraschend gezeigt, daß die Bindung des Ruhrvolkes an das Revier als Arbeits- und Wohnraum weit stärker ist als erwartet. Darum müssen im Revier selber für die große Zahl der in Kohle und Eisen freigewordenen Arbeitskräfte neue Arbeitsplätze geschaffen werden. So machen heute viele Familienväter eine subventionierte und oft jahrelange Umschulung für einen neuen Beruf durch.

14.2. Ansätze und Beispiele für die Behebung der Strukturkrise

Die Regierung, der Siedlungsverband Ruhrkohlenbezirk und die Städte sind bemüht, im Revier neue Industriebetriebe anzusiedeln, um die durch den Rückgang des Bergbaus und durch Rationalisierung verloren gegangenen Arbeitsplätze zu ersetzen und die einseitige Industriestruktur vielseitiger zu gestalten. Besonders erwünscht sind dabei die „Wachstums-Industrien", wie Autowerke und ihre Zuliefererfirmen, Werke der Chemischen Industrie, der Elektroindustrie und der Mineralölindustrie. Arbeitskräfte, Raum für neue Industrieanlagen, seit wenigen Jahren auch ausreichend Wasser, ein dichtes Verkehrsnetz und ein großer lokaler Markt sind dafür vorhanden. Außerdem ist die verkehrsgünstige Lage zu den EWG- und EFTA-Ländern von Bedeutung. Hinzu kommt in vielen Orten ein starkes Angebot an weiblichen Arbeitskräften, für die in der bisher vorherrschenden Schwerindustrie nur wenige Arbeitsplätze vorhanden waren. Der Mangel an Arbeitsplätzen für weibliche Arbeitskräfte drückte bisher den Lebensstandard der Familien im Ruhrgebiet herunter. Wie in anderen Ländern ist heute auch in Deutschland die Frauenarbeit immer mehr zur Selbstverständlichkeit geworden. Dadurch ergeben sich Möglichkeiten für die Errichtung von Industriezweigen, die einen besonders hohen Anteil an Frauen beschäftigen, wie die Bekleidungs- und die Elektro-Industrie.

So entstanden im Ruhrgebiet in den Jahren 1958–1970 ca. 400 neue Industriebetriebe. Weitere Unternehmen bemühen sich zur Zeit um eine Ansiedlung. Sie sind über das ganze Revier verteilt, ohne daß besondere lokale Schwerpunkte zu erkennen wären. Die meisten dieser Betriebe sind Mittelbetriebe mit 100–1 000 Arbeitskräften. Daneben gibt es eine große Zahl von Kleinbetrieben mit weniger als 100 Arbeitskräften. Ihre Beschäftigtenzahl läßt sich nur selten mit der Belegschaft einer Großzeche vergleichen. Sie zeigen in ihrer Produktionsrichtung eine breite Differenzierung und berücksichtigen nunmehr auch in weit stärkerem Maße, als das früher der Fall war, die Bedarfsdeckung für den lokalen und regionalen Markt. Hierzu gehören z.B. die zahlreichen neuen Werke der Bekleidungs- und der Lebensmittel-Industrie.

An einigen Orten kam es zur Ansiedlung von großen Industriebetrieben. Das sichtbarste Beispiel bieten die drei Fabrikanlagen der General-Motors, die *Opel-Werke in Bochum* (Fig. 74 und 75). Sie wurden von 1962–1966 mit besonderen Sicherungsmaßnahmen gegen Bergschäden auf ehemaligem Zechengelände errichtet und beschäftigen rd. 16 000 Personen. Dieses Werk ist eines der modernsten Automobilwerke der Welt. Ebenfalls in Bochum, das 1927 mit 52 Schachtanlagen die bedeutendste Bergbaustadt Europas war und dessen letzte Zeche 1973 geschlossen werden soll, entstand in den Jahren 1956 und 1958 das *Fernsehgerätewerk der Firma Graetz* mit 3000 Arbeitskräften, unter denen sich besonders viele Frauen befinden.

Fig. 74. Opel-Werk I in Bochum-Laer. Hier werden die Karosserien der Baureihen Kadett, Ascona, Manta und Opel GT produziert und montiert. Die Gesamtfläche der Hallen beträgt rund 50 ha

Fig. 75. An der Fließband-Straße im Opel-Werk I

In *Gelsenkirchen* wurde 1966 die Eurovia-Textil GmbH errichtet; sie produziert mit 2 500 Arbeitskräften, vorwiegend Frauen, täglich 30–35 000 Pullover. Es ist nur eine unter vielen Firmen der Oberbekleidung in Gelsenkirchen. Eine 1968 in Betrieb genommene Fabrik stellt mit 1 500 Arbeitskräften Lenkgestänge und Radaufhänger für die Automobilindustrie her.

In *Herne* arbeitet seit 1966 die Firma Blaupunkt mit rd. 1900 Beschäftigten (April 1972). Das Fertigungsprogramm umfaßt: Autoradio-Zubehör, Bandfilter, Spulen, Transformatoren, Lautsprecher u.a. Im Betrieb sind überwiegend Frauen beschäftigt. – Die Firma Bosch mit z.Zt. 150, in Zukunft mit rd. 450 Arbeitskräften stellt seit 1971 in Herne Metalloxyd-Produkte her, z.B. Lagerbuchsen für wartungsfreie Lager. Eine nach dem Kriege hier angesiedelte Strumpffabrik (später Strumpfhosen) mit zeitweilig 1 800 Beschäftigten wanderte wieder ab und errichtete Produktionsstätten in Jugoslawien (für den europäischen Markt) und in Puerto Rico (für den amerikanischen Markt). Die restlichen 500 Arbeitskräfte des Betriebes in Herne wurden von einer firmeneigenen Fabrik in Gelsenkirchen übernommen.

In *Gladbeck* wurde in den Jahren 1960–62 ein Zweigwerk der Siemens AG errichtet. Es hat 2500 Arbeitskräfte und produziert Geräte der Fernsprechtechnik.

In *Buchholtwelmen* bei Dinslaken entstand 1960 eine Ölraffinerie der BP Benzin und Petroleum; sie beschäftigt 750 Arbeitskräfte.

In *Bergkamen* im Landkreis Unna erzeugt die Schering AG seit 1960 mit rd. 2300 Arbeitskräften pharmazeutische Präparate, unter anderem für den Tier- und Pflanzenschutz, und Grundstoffe für die Kunststoffindustrie.

In *Uentrop*, einem bis dahin kleinen bäuerlichen Dorf im Landkreis Unna, entstand 1966 ein Zweigwerk des U. S.-Chemiekonzerns Du Pont de Nemours; es produziert mit 1 500 Arbeitskräften Chemiefasern.

In *Wesel* errichtete die Deutsche Libbey-Owens-Gesellschaft 1956 ein Werk für maschinelle Glasherstellung. Es beschäftigt 1 205 Menschen.

Alle diese Maßnahmen sind erst ein Anfang. So sank z.B. im östlichen Revier, zu dem die kreisfreien Städte Dortmund, Castrop-Rauxel, Hamm, Lünen, der Kreis Unna, die Stadt Schwerte und das Amt Westhofen gehören, die Zahl der Industriebeschäftigten von 1960–1970 um 36000 oder 17,3 %, im mittleren Ruhrgebiet um 21,9 %, während das westliche Revier, um den Niederrhein, eine geringfügige Zunahme aufwies. Die strukturelle Einseitigkeit ist vor allem im östlichen Revier noch gravierend. Das Verhältnis der wachstumsschwachen zu den wachstumsstarken Industrien betrug 1970 im östlichen Revier immer noch 72 %: 22 %, im mittleren Revier 62 %: 33 %, im Gebiet der „Rheinschiene", womit der Wirtschaftsraum beiderseits des Rheins zwischen Bonn und der niederländischen Grenze zu verstehen ist, also den Raum des engeren westlichen Reviers überschreitend, dagegen 45 %:47 % von der Gesamtzahl der Industriebeschäftigten. Diese Zahlen machen deutlich, daß der aus der Entfernung so einheitlich wirkende Großwirtschaftsraum zur Zeit nicht nur in Teilräume unterschiedlicher Struktur, sondern auch von unterschiedlicher Wachstumskraft zerfällt.

14.3. Neue Wachstumsspitzen des Reviers

Das Rheinisch-Westfälische Industriegebiet ist jedoch keineswegs ein sterbender Industrieraum. Im Gegenteil, es zeigt neben dem Beginn einer durchgreifenden Umstrukturierung von der Einseitigkeit Kohle, Eisen und Stahl zu einem breit differenzierten Industrieraum deutlich und energisch vorangetriebene Wachstumsspitzen.

Beiderseits des *Niederrheins*, zwischen Duisburg, Dinslaken und Wesel im Osten, Kamp-Lintfort, Rheinhausen und Moers im Westen, stößt auf der Grundlage des modernsten Kohlenabbaus, der Mineralölindustrie und neuer Werkanlagen des Eisen- und Stahlkonzerns Thyssen sowie zahlreicher weiterer Betriebe mit breiter Differenzierung eine Wachstumsspitze in das weite, flache Agrarland vor. Schwerpunktartig liegen die meisten der neuen Werke in altem, reichem Bauernland, umgeben von modernen, anspruchsvollen Wohnsiedlungen für die in ihnen Beschäftigten. Dabei behalten die verbleibenden landwirtschaftlichen Nutzflächen ihre alte Bedeutung; auch die bäuerlichen Betriebe werden rationalisiert, ihre Erzeugnisse veredelt und dem regionalen Konsum zugeführt.

Bereits jetzt zeigt der Winkel zwischen Niederrhein und Wesel-Datteln-Kanal eine außerordentlich rasche und strukturell vielseitige Entwicklung, mitbegünstigt durch eine gute Verkehrslage.

Im Landkreis *Unna,* um die Städte Bergkamen, Unna und Hamm, entwickelt sich seit 1960 die östliche Wachstumsspitze des Reviers. Die bisherige Wirtschaft dieses Raumes war, mit Ausnahme der Stadt Hamm, gekennzeichnet durch Großschachtanlagen in offener agrarer Umgebung, durch eine leistungsfähige Landwirtschaft und durch industrielle Mittelbetriebe, die zum Teil Geräte für die Landwirtschaft, zum Teil für den Bergbau produzierten. So war der Landkreis Unna das typische Übergangsgebiet zwischen dem schwerindustriellen Raum um Dortmund und der fruchtbaren Ackerbaulandschaft um die alte Hansestadt Soest mit Getreide- und Zuckerrübenanbau. Heute hat der Landkreis Unna durch den Lippe-Seiten-Kanal, das Eisenbahnnetz und die Autobahnkreuze Kamen, Unna und Westhofen eine ganz besonders günstige Verkehrslage. Diese zieht vor allem Unternehmen an, die besonderen Wert auf den Transport ihrer Güter auf Autostraßen legen oder aber Verteilerfunktionen für den Güterumschlag vom Schienenweg auf die Straße haben, wie z. B. Auslieferungslager von Kaufhäusern, Konsum-Zentralen und Auto- und Autozubehör-Werken. So entwickeln sich hier zahlreiche Mittelbetriebe der unterschiedlichsten Produktions- und Verteiler-Aufgaben. Lediglich das Chemie-Werk Schering AG, die Minnesota Mining and Manufacturing Company (Kopiergeräte und Schleifmittel) und das Textilfaserwerk Du Pont sind Großbetriebe.

Nur an einer Stelle, nördlich der unteren Lippe, führte allein der Bergbau zu einer neuen Wachstumsspitze. Es ist dies die im Entstehen begriffene neue *Großzeche bei Wulfen* mit vorläufig zwei Schächten, Wulfen I und Wulfen II. Der Bergbau-Konzern Stinnes hat hier in einer Teufe von 1 000 m Kohlenlager erbohrt und inzwischen erschlossen, die in der Mächtigkeit ihrer Flöze (bis 4 m) und in ihrer ungestörten, flachen Lagerung so günstig sind wie viele Kohlenlager in den USA. Außerdem sind die Verkehrsverhältnisse günstig. Eine West-Ost verlaufende Eisenbahn führt von Wesel am Niederrhein nach Haltern, eine Süd-Nord verlaufende Eisenbahn von Oberhausen über Dorsten nach Emden. Der nahegelegene Lippe-Seiten-Kanal bietet die Möglichkeit für die Anlage eines Kohlenhafens. Der Raum Wulfen gehört zum Teil zu den armen, dünnbesiedelten Agrarräumen des westlichen Münsterlandes, die mit ihren Sandböden, mit vielen bodennassen Stellen und ihren dürftigen Kiefernforsten Nord-Jütland gleichen. Hier sind also keine Arbeitskräfte zu bekommen. Deshalb entsteht zur Zeit nördlich der Schachtanlagen auf freiem, relativ billigem Land inmitten einer offenen Landschaft und angelehnt an den Naturpark Hohe Mark eine ganz moderne Zechenstadt für 40–50 000 Bewohner. Sie soll die modernste Arbeiterstadt des Ruhrgebiets werden.

14.4. Neue Planungen für das Revier

Der Siedlungsverband Ruhrkohlenbezirk (SVR) hat in seinem Gebietsentwicklungsplan 1966 seine Vorstellungen über das Ruhrgebiet der Zukunft veröffentlicht (Fig. 76). Diese

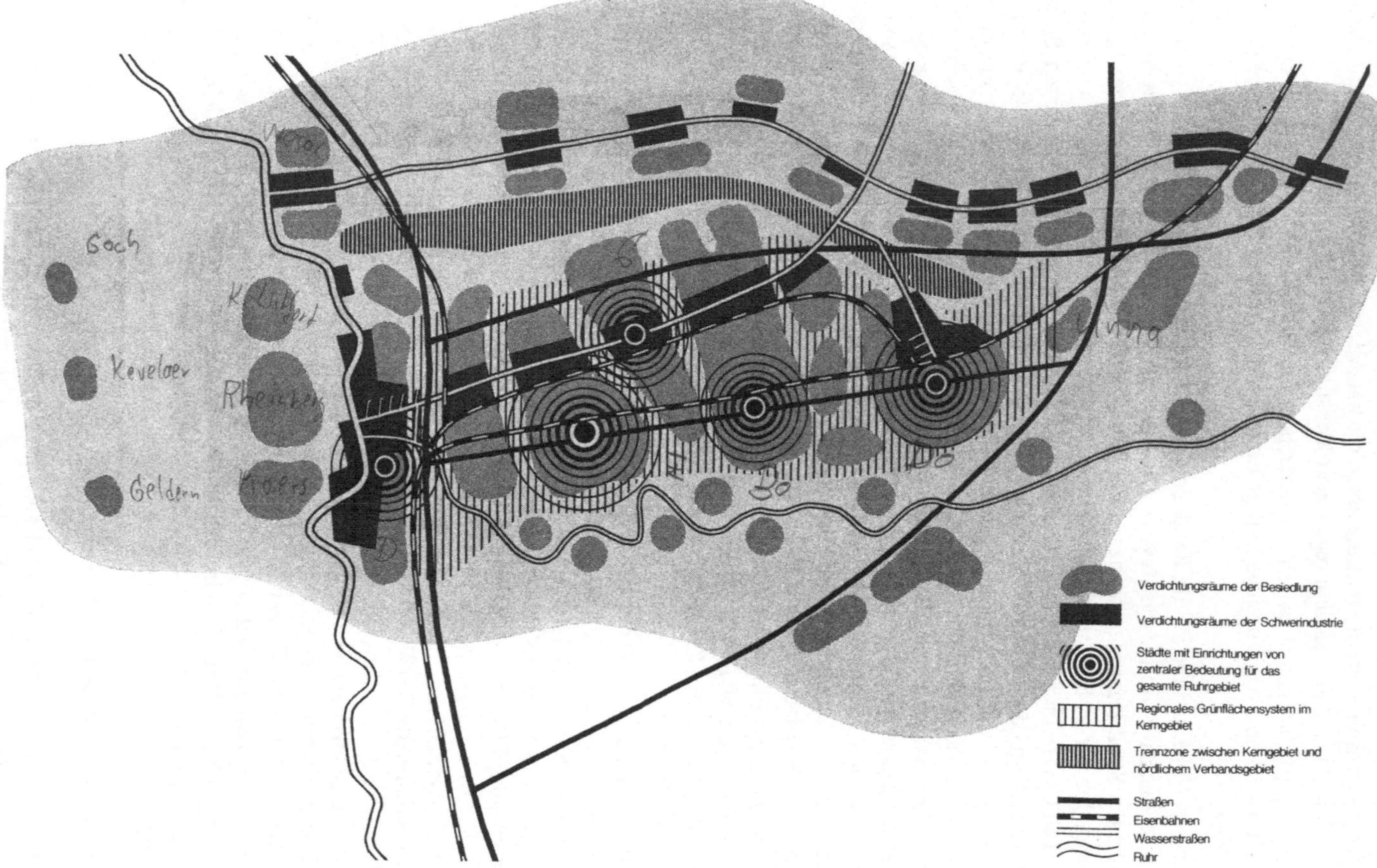

Fig. 76. Gebietsentwicklungsplan des Ruhrgebiets

Planungen sind inzwischen verfeinert worden, z. B. durch das „Entwicklungsprogramm Ruhr 1968–1973“ und durch das „Nordrhein-Westfalen-Programm 1975“. Dazu eine Gegenüberstellung:

> 1966 hatte das Ruhrgebiet 5,6 Mio Einwohner mit 2,35 Mio Beschäftigten,
>
> 2040 kann das Ruhrgebiet nach den Plänen des SVR 8 Mio Bewohner mit 3,5 Mio Beschäftigten haben.

Das Ruhrgebiet ist mit einer Menge von Vorurteilen belastet, die denjenigen ähneln, die lange Zeit mit der amerikanischen Industriestadt Pittsburgh verbunden waren. Diese Vorurteile bestanden zu Recht, wenn sie auch zu keiner Zeit so allgemeingültig waren, wie der nur oberflächliche Kenner des Reviers sie glaubte wahrnehmen zu können: Eine unerträglich dichte Bebauung, Mangel an Grünflächen und Erholungsgebieten, schlechte Luft, schlechtes Wasser, unzureichende kulturelle Einrichtungen, Überbewertung der Bergschäden, ein den modernen Bedürfnissen nicht mehr gewachsenes Netz von Nah- und Fernverkehrslinien, das Fehlen von Universitäten als Bildungs-, Ausbildungs- und Forschungsstätten. Diese Vorurteile sind außerhalb des Reviers noch weit verbreitet und hindern heute noch manche revierfremde Unternehmer und viele, vor allem leitende Angestellte von Wirtschaftsunternehmen und wissenschaftlichen und künstlerischen Institutionen, sich im Ruhrgebiet seßhaft zu machen. Dabei sind sie weitgehend überholt. Die Zerstörungen der Bombenkriege, eine wesentlich sozialere Arbeitswelt und der Zwang zu einer grundlegenden Strukturverbesserung haben einen Wandel herbeigeführt bzw. angebahnt. Die Siedlungsenge wurde aufgelockert durch umfassende Sanierungsmaßnahmen, das Grünflächenprogramm wurde konsequent erweitert, vorbildliche Naherholungsgebiete in Form von Naturparks bestehen bereits. Innerhalb der Städte werden Parks, Erholungsmittelpunkte und Dauerkleingärten ganz besonders gefördert. Es gibt kein Wasserproblem mehr, die gesetzlichen Maßnahmen zur Reinerhaltung der Luft beginnen sich spürbar auszuwirken. Für neue Industrien stehen ausreichend Ansiedlungsflächen zur Verfügung, auch bergschadenfreie. Der Ausbau eines modernen Nah- und Fernverkehrsnetzes für Schiene und Straße wird nach den Entscheidungen vom Sommer 1968 in wenigen Jahren vollendet sein. Die durch den Rückgang des Bergbaus und durch die Automation in allen Zweigen der Wirtschaft freigewordenen Arbeitskräfte werden umgeschult und anderen Berufen zugeführt. Viele Arbeitsplätze entstanden für Frauenberufe, für die das Revier in seiner bisherigen Struktur kaum Möglichkeiten bot. Die allgemeine Entwicklung in der Wirtschaft und in der Lohnpolitik hat dahin geführt, daß die früher sehr unterschiedlichen Löhne der Beschäftigten in der Schwerindustrie und in den anderen Wirtschaftszweigen sich einander angeglichen haben. Das Revier hat bereits seit Jahrzehnten gute Theater und Orchester. Die Zahl der öffentlichen Bildungsstätten, Gymnasien und Realschulen, wächst mit dem steigenden Wunsch der Bevölkerung nach weiterführender Bildung. Das Netz der Volkshochschulen ist seit dem II. Weltkrieg umfassend ausgebaut worden. Zu den bereits bestehenden Universitäten kommen weitere hinzu.

Alle diese Maßnahmen verbessern die Infrastruktur des Reviers und ermöglichen eine völlig neue Epoche in der Geschichte dieses industriellen Großraums, der, bei einem Radius von 300 km, zugleich Mittelpunkt eines Konsumraumes von 70 Mio Menschen ist.

Dieses „neue" Revier kann sich keinesfalls in völliger Loslösung vom bisherigen Revier entwickeln.

1. Im Kerngebiet des bisherigen Reviers ist bereits eine hohe Konzentration von Industrie und Bevölkerung erreicht worden. Räumliche Erweiterungen vorhandener Industrieanlagen können nur zugelassen werden, wenn sie standortgebunden sind. Standortgebunden ist z. B. die Eisen- und Stahlindustrie. Sie soll im Kerngebiet nur erweitert werden, wenn diese Erweiterung lediglich im Zusammenhang mit der Stammanlage technisch und ökonomisch vertretbar ist. Eine einseitige Konzentration der Eisen- und Stahlindustrie im Westen des Reviers, am Niederrhein um Duisburg und Oberhausen, soll vermieden werden zugunsten eines ausgeglichenen Wachstums des ganzen Reviers. Darum muß mit Rücksicht auf die Eisen- und Stahlindustrie in Dortmund das gesamte Verkehrsnetz dieses Raumes verbessert werden. Neue Industrieanlagen werden nur dann empfohlen, wenn sie zur Differenzierung der wirtschaftlichen Struktur betragen.

2. Standortgebunden ist auch der Bergbau und die zum Teil von ihm abhängige chemische Industrie. Beim Bergbau sind drei Entwicklungstendenzen zu berücksichtigen: Seine Schwerpunkte werden sich weiter nach Norden verlagern und dabei in größere Teufen gehen; die Zahl der Schachtanlagen wird geringer, die Förderleistung pro Mann und Schicht aber wird sich vergrößern; die Kohle wird mehr und mehr vom Energieträger zum Rohstoff werden. Die Kohle bleibt ein wesentlicher Bestandteil der Wirtschaft des Reviers.

3. Am mittleren Nordsaum des Kernraumes liegt ein Teil des Reviers, vor allem im Emscher-Tal und um Recklinghausen, der bevorzugt für die Ansiedlung von Verarbeitungsindustrien möglichst vieler Wirtschaftszweige vorgesehen ist (Ergänzungsindustrien). Hier vor allem sollen viele Arbeitsplätze für Frauen geschaffen werden.

4. Beiderseits der Lippe und am linken Niederrhein liegt die künftige Wachstumszone des Reviers mit Industrieansiedlungen an neuen industriellen Schwerpunkten. Ein solcher neuer industrieller Schwerpunkt ist bereits Marl-Hüls mit den Chemischen Werken Hüls; als neuer Schwerpunkt im Aufbau ist Wulfen mit der Großschachtanlage Wulfen zu nennen. Beachtlich ist schon jetzt die branchenmäßig vielseitige industrielle Entwicklung im Kreise Dinslaken im Winkel zwischen Rhein und Lippe-Seiten-Kanal, die durch die Eröffnung des modernsten deutschen Schubschiff-Hafens in Voerde Ende 1971 unterstrichen und gefördert wird. Diese Wachstumszone wird vom Kernraum des Reviers durch eine breite Grünzone getrennt sein.

5. Im Gebiet um Hagen und Witten soll die bisherige industrielle Basis weiterentwickelt werden.

Für die äußeren Randzonen des Bereiches des SVR ist lediglich eine Gewerbeansiedlung in den zentralen Orten vorgesehen.

Ein Gesamtbild der wirtschaftsstrukturellen Maßnahmen im Revier zeigt Fig. 77. Es ist das Leitbild für die wirtschaftsräumliche Struktur des rheinisch-westfälischen Industriegebiets der Zukunft.

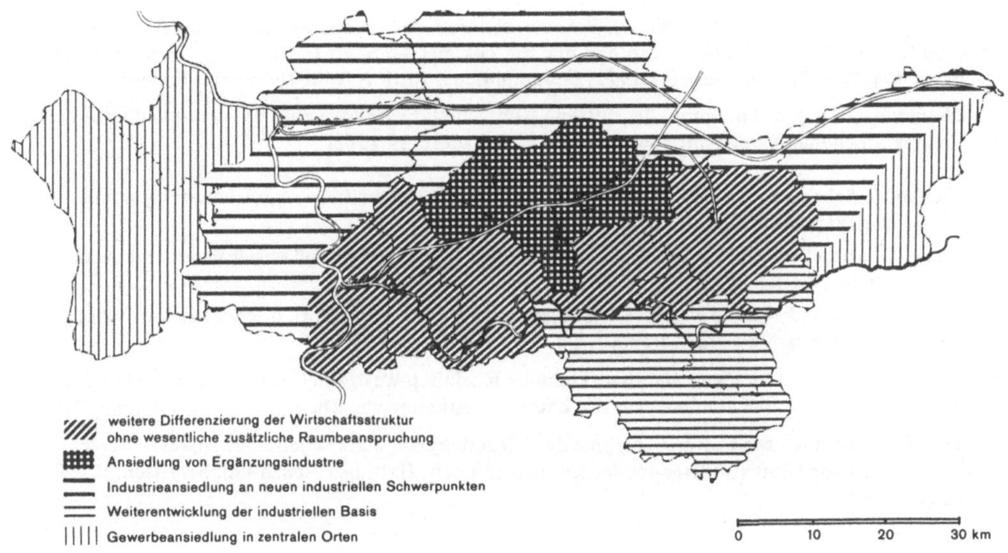

Fig. 77. Struktur des Ruhrgebiets der Zukunft

Literatur

Achilles, F. W.: Hafenstandorte und Hafenfunktionen im Rhein-Ruhrgebiet. Bochumer Geographische Arbeiten, H. 2, Paderborn 1967.

Ahrens, T.: Standortprobleme der Eisen- und Stahlindustrie im Ruhrgebiet. Ruhrwirtschaft, S. 242–249, Dortmund 1962.

Barr, J.: Planning for the Ruhr. Geogr. Magazine, Vol. 42, S. 280–289, London 1970.

Bandemer, J. D. v. und *Ilgen, A. P.:* Probleme des Steinkohlenbergbaus. – Die Arbeiter- und Förderverlagerung in den Revieren der Borinage und der Ruhr. Veröffn. d. List-Gesellschaft Basel/Tübingen, Bd. 30, 1963.

Beratungsstelle für Stahlverwendung Hrsg.: Stahlfibel. Düsseldorf 1969.

Bracht, W.: Der südliche Teil der Stockumer Mark. – Siedlung, Bergbau und Menschen in zwei Jahrhunderten nach der Markenteilung. Jahrb. d. Ver. f. Orts- u. Heimatkde in der Grafschaft Mark, 67. Jg., Witten-Ruhr 1969.

Brepohl, W.: Industrievolk im Wandel von der agraren zur industriellen Daseinsform, dargestellt am Ruhrgebiet. Tübingen 1957.

Broich, F.: Die Petrochemie des Rhein-Ruhr Gebiets. Essen 1968.

Buchholz, H. J.: Formen städtischen Lebens im Ruhrgebiet, untersucht an sechs stadtgeographischen Beispielen. Bochumer Geographische Arbeiten, H. 8, Paderborn 1970.

Buchholz, H. J. und *Heineberg, H.:* Die Hattinger Nordstadt (Gutachten). Bochum 1968.

Buchholz, H. J., Heineberg, H., Mayr, A., Schöller, P.: Modelle kommunaler und regionaler Neugliederung im Rhein-Ruhr-Wupper-Ballungsgebiet und die Zukunft der Stadt Hattingen. – Im Auftrage der Stadt Hattingen. – Bochum, den 6.9.1971, Geographisches Institut Ruhr-Universität Bochum.

Busch, P. u.a. (Hrsg.): Bochum und das mittlere Ruhrgebiet. Festschrift zum 35. deutschen Geographentag. Bochumer Geographische Arbeiten, H. 1, Paderborn 1965.

Der Generalverkehrsplan des Landes Nordrhein-Westfalen (Einzelbeiträge und Erläuterungen dazu). Internationales Verkehrswesen, 22. Jg., H. 6, Frankfurt a.M. 1970.

Deutscher Geographentag Bochum, 8.–11. Juni 1965. Tagungsbericht und wissenschaftliche Abhandlungen. Fr. Steiner Verlag, Wiesbaden 1966.

Ditt, H.: Struktur und Wandel westfälischer Agrarlandschaften. Veröffentl. d. Provinzielinstituts f. westfälische Landes- u. Volkskde., Reihe 1, Bd. 13, Münster 1965.

Domrös, M.: Luftverunreinigung und Stadtklima im Rheinisch-Westfälischen Industriegebiet und ihre Auswirkungen auf den Flechtenbewuchs der Bäume. – Arbeiten zur Rheinischen Landeskunde, Heft 23.

Düsterloh, D.: Beiträge zur Kulturgeographie des Niederbergisch-Märkischen Hügellandes – Bergbau und Verhüttung vor 1850 als Elemente der Kulturlandschaft. Hattinger Heimatkdl. Schriften, H. 15, Hattingen 1967.

Fischer, W.: Herz des Reviers. 125 Jahre Wirtschaftsgeschichte des Industrie- und Handelskammerbezirks Essen-Mülheim-Oberhausen. Essen 1965.

Fleming, D.K. und *Krumme, G.:* The "Royal" Hoesch Union. Tijdschr. v. Econ. en Soc. Geogr., Bd. 49, S. 177–199, 's Gravenhage 1968.

Först, W. (Hrsg.): Ruhrgebiet und neues Land. Beiträge zur neueren Landesgeschichte des Rheinlands und Westfalens, Bd. 2, Köln und Berlin 1968.

Gansäuer, K. F.: Lagerung und Verflechtung der eisenschaffenden Industrie der Montanunionsländer in räumlicher Sicht. Kölner Forschungen. z. Wirtschafts- und Sozialgeogr., Wiesbaden 1964.

Gebhard, G.: Ruhrbergbau-Geschichte, Aufbau und Verflechtung seiner Gesellschaften und Organisationen. Essen 1957.

Geographische Rundschau 1965. Die Hefte 4, 5 und 6 enthalten Beiträge über das Ruhrgebiet als Vorbereitung auf den 35. Deutschen Geographentag in Bochum. Braunschweig.

Gesamtverband des deutschen Steinkohlenbergbaus (Hrsg.): Steinkohlenbergbau, Energiewirtschaft, Volkswirtschaft. Essen 1970.

Gesamtverband des deutschen Steinkohlenbergbaus (Hrsg.): Unser Steinkohlenbergbau – gestern – heute – morgen. 23. Aufl. Essen 1970.

Glässer, E.: Die Kulturlandschaftsentwicklung des westlichen Ruhrgebietes vor Beginn der hochindustriellen Periode, gezeigt an Beispielen aus dem Raum zwischen Osterfeld-Sterkrade-Bottrop. Ber. z. dt. Landeskunde, Bd. 40, H. 1, S. 59–80, Bad Godesberg 1968.

Hahne, H. u.a.: Lehrreiche geologische Aufschlüsse im Ruhrrevier. Essen 1958.

Hahne, C., Kukuk, P., u.a.: Geologie des rheinisch-westfälischen Steinkohlengebietes. Herne 1963.

Hall, P.: Rhine-Ruhr. The World Cities, S. 122–157, London 1966.

Harders, F.: Die Hütte der Zukunft. – Rationalisierungsmöglichkeiten in der Stahlindustrie unter großwirtschaftlichen Gesichtspunkten und dem Aspekt der kommenden zehn bis zwanzig Jahre. Werkzeitschrift der Hoesch AG „Werk und Wir", H. 3, S. 66–69, 1971.

Heese, M.: Der Landschaftswandel im mittleren Ruhrindustriegebiet seit 1820. Arbeiten der Geogr. Kommission im Provinzial-Institut für Westfäl. Landes- und Volkskunde, H. 6, Münster 1941.

Heithoff, U.: Zur Geschichte des Steinkohlenbergbaus im Raum Silschede. Jahrb. d. Ver. f. Orts- u. Heimatkde. in der Grafschaft Mark, 64. Jg., S. 3–68, Witten-Ruhr 1964.

Hellgrewe, H.: Dortmund als Industrie- und Arbeiterstadt. Eine Untersuchung der wirtschaftlichen und sozialen Entwicklung der Stadt. Wirtschafts- und Sozialmonographien deutscher Länder und Städte, Bd. 2, 1951.

Helmrich, W.: Das Ruhrgebiet. Wirtschaft und Verflechtung. Veröffentl. d. Provinzialinstituts f. westf. Landes- u. Volkskde., Reihe 1, Bd. 3, Münster 1949.

Herbermann, Cl. (Hrsg.): Links der Lippe, rechts der Ruhr. – Geschichte und Gegenwart im Emscherland. Gelsenkirchen 1969.

Hottes, K.: Das Ruhrgebiet im Strukturwandel. Eine wirtschaftsgeographische Zwischenbilanz. Ber. z. d. Landeskde., Bd. 38, H. 2, S. 251–274, Bad Godesberg 1967.

Industrie- und Handelskammer zu Dortmund (Her.): Das östliche Ruhrgebiet 1960 bis 1970. – Ein Vergleich der wirtschaftlichen Entwicklung mit der im Gebiet der „Rheinschiene", im mittleren Ruhrgebiet und in den übrigen Gebieten des Landes Nordrhein-Westfalen. – Industrie- u. Handelskammer zu Dortmund 1971.

Klug, H.: Die meteorologischen Bedingungen starker Immissionsanreicherungen. Ztschrft. Staub, Bd. 25, H. 10, S. 410–416, Düsseldorf 1965.

Knübel, H.: Die räumliche Gliederung des Ruhrgebiets. Geogr. Rundschau, S. 180–190, Braunschweig 1965.

Knübel, H.: Die Eisenhüttenindustrie des Ruhrgebiets. Geogr. Rundschau, S. 193–203, Braunschweig 1965.

Köllmann, W.: Die strukturelle Entwicklung des südwestfälischen Wirtschaftsraumes 1945–1967. Hagen 1969.

Körber, J.: Planning Research in the Federal Republic of Germany, with Special Reference to the Ruhr Area. Journ. of the Town Planning Inst., Bd. 52, S. 131–133, London 1966.

Kraus, T.: Das rheinisch-westfälische Städtesystem. Festschr. z. Dt. Geogr. – Tag Köln. Wiesbaden 1961.

Kürten, W. von (Hrsg.): Natur und Landschaft im Ruhrgebiet. – Bezirksstelle f. Naturschutz u. Landschaftspflege im Bereich der Landesbaubehörde Ruhr. H. 1, Sept. 1964, H. 2, Dez. 1965, H. 3, Dez. 1966, H. 4, Juni 1968, H. 5, Dez. 1969, H. 6, 1970. Rheinhausen.

Landesregierung Nordrhein-Westfalen: Entwicklungsprogramm Ruhr 1968–1973. Düsseldorf 1968.

Landwehrmann, Fr. u.a.: Das Ruhrrevier – sein sozialer Hintergrund. 1 Textband, 1 Tabellenband. Schriftenreihe Siedlungsverband Ruhrkohlenbezirk, Bd. 31, Essen 1970.

Lowinski, H.: Städtebildung in industriellen Entwicklungsräumen, untersucht am Beispiel der Stadt und des Amtes Marl. Recklinghausen 1964.

Mämpel, A.: Bergbau in Dortmund. Von Pingen und Stollen bis zu den Anfängen des Tiefbaus. 1963; Die Sechziger und Siebziger Jahre bis zum Ende ihrer Hochkonjunktur um 1876. 1965; Zwischen Krisen und Konkursen. Die „Sieben mageren Jahre" und ihre Überwindung 1874 bis 1882. 1969;
Hrsg. von der Gelsenkrichener Bergwerks-Aktiengesellschaft, Dortmund 1963–1969.

Mayr, A.: Ahlen in Westfalen. Bochumer Geographische Arbeiten, H. 3, Paderborn 1968.

Mellinghoff, K. und *Stolzenwald, R.:* Die Naherholungswälder des Ruhrgebietes. Schriftenreihe Siedlungsverband Ruhrkohlenbezirk, Bd. 26, Essen 1969.

Meier, F.: Die Änderung der Bodenbenutzung und des Grundeigentums im Ruhrgebiet von 1820 bis 1955. Forschungen zur deutschen Landeskunde, Bd. 131, Bad Godesberg 1961.

Mertes, P. H.: Werden der Dortmunder Wirtschaft, Dortmund 1940.

Mertins, G.: Die Kulturlandschaft des westlichen Ruhrgebiets (Mülheim-Oberhausen-Dinslaken). Giessener Geographische Schriften, H. 4, Giessen 1964.

Meynen, E. u.a.: Handbuch der naturräumlichen Gliederung Deutschlands. 6. Lieferung, Remagen 1959.

Mönnich, H.: Aufbruch ins Revier. Hoesch 1871–1961. München 1961.

Mönnich, H.: Aufbruch ins Revier-Aufbruch nach Europa. – Hoesch 1871–1971. – Jubiläumsschrift der Hoesch Aktiengesellschaft, Dortmund 1971.

Niemeier, G.: Das Landschaftsbild des heutigen Ruhrreviers vor Beginn der großindustriellen Entwicklung. – Erläuterungen zu einer Karte der Zeit um 1840. – Westfäl. Forschungen, Bd. V, H. 1–2, S. 79–114, Münster 1942.

Pounds, N. J. G.: The Ruhr Area, A Problem of Definition. Geography, Bd. 36, S. 165–178, London 1951.

Pounds, N. J. G.: The Ruhr, A Study in Historical and Economic Geography. London 1952.

Pounds, N. J. G.: The Localisation of the Iron and Steel Industry in Northwest Germany. Tijdschr. v. Econ. en Soc. Geogr., Bd. 42, S. 174–181, 's Gravenhage 1961.

Pounds, N. J. G. und *Parker, W. N.:* Coal and steel in Western Europe. London o.J.

Raack, W., Schorn, P. und *Schrödter, E.,* (Hrsg.): Jahrbuch des deutschen Bergbaus, 54. Jg., Essen 1971.

Rau, H.: Die Wasserversorgung des Ruhrgebietes in Abhängigkeit von den Naturverhältnissen. Geogr. Rundschau, S. 147–155, Braunschweig 1965.

Reekers, St.: Westfalens Bevölkerung 1818–1955.
Die Bevölkerungsentwicklung der Gemeinden und Kreise im Zahlenbild. Veröffentl. d. Provinzialinstituts f. westfälische Landes- u. Volkskde., Reihe 1, Bd. 9, Münster 1956.

Resch, W.: Die Wandlungen der Erzversorgung der Hüttenindustrie. Ruhrwirtschaft, S. 187–190, Dortmund 1965.

Rinn, J.: Handbuch der Bergwirtschaft in der Bundesrepublik Deutschland. Essen 1970.

Schmacke, E. (Hrsg.): Nordrhein-Westfalen auf dem Weg in das Jahr 2000. – Sechzehn Prognosen. Düsseldorf 1970.

Seraphim, H. J.: Das Vest, ein dynamischer Wirtschaftsraum. Recklinghausen 1955.

Siedlungsverband Ruhrkohlenbezirk: Regionalplanung. SVR, Essen 1960.

Siedlungsverband Ruhrkohlenbezirk: Gebietsplanung 1966. SVR, Essen 1966.

Siedlungsverband Ruhrkohlenbezirk: Industriestandort Ruhr. 2. Aufl. SVR, Essen 1970.

Spethmann, H.: Die geschichtliche Entwicklung des Ruhrbergbaus um Witten und Langendreer. Gelsenkirchen 1937.

Steinberg, H. G.: Die Entwicklung des Ruhrgebiets – eine wirtschafts- und sozialgeographische Studie. Deutscher Gewerkschaftsbund, Landesbezirk Nordrhein-Westfalen, Düsseldorf 1967.

Treue, W.: Die Feuer verlöschen nie. – August Thyssen-Hütte 1890–1926. Düsseldorf 1966.

Treue, W. und *Uebbing, H.:* Die Feuer verlöschen nie. – August Thyssen-Hütte 1926–1966. Düsseldorf 1969.

Wagner, E. und *Ritter, G.:* Zur Stadtgeographie von Duisburg. Duisburger Hochschulbeiträge I, Duisburg 1968.

Walter, A.: Die Bergmannskköttersiedlung Wengern-Trienendorf. Jahrb. d. Ver. f. Orts- u. Heimatkde. in der Grafschaft Mark, 64. Jg., S. 69–124; Witten-Ruhr 1964.

Walter, H.: Untersuchungen zur Sozialanthropologie der Ruhrbevölkerung. Veröffentl. d. Provinzialinstituts f. westfälische Landes- u. Volkskde., Reihe 1, Bd. 12, Münster 1962.

Weis, D.: Die Großstadt Essen – Die Siedlungs-, Verkehrs- und wirtschaftliche Entwicklung des heutigen Stadtgebietes von der Stiftsgründung bis zur Gegenwart. Forschungen zur deutschen Landeskunde, Bd. 59, Remagen 1951.

Wiel, P.: Das Ruhrgebiet in Vergangenheit und Gegenwart, Essen 1963.

Wiel, P.: Wirtschaftsgeschichte des Ruhrgebiets. Tatsachen und Zahlen. Siedlungsverband Ruhrkohlenbezirk, Essen 1970.

Winterfeld, L. von: Geschichte der freien Reichs- und Hansestadt Dortmund, 4. Aufl. Dortmund 1963.

Ziranka, J.: Die Auswirkungen von Zechenstillegungen und Rationalisierungen im Steinkohlenbergbau auf die Wirtschaftstruktur ausgewählter Gemeinden im niederrheinisch-westfälischen Industriegebiet. Forschungsberichte des Landes NRW Nr. 1311, Düsseldorf 1964.

Zischka, A.: Die Ruhr im Wandel. – Ruinenfeld oder Retter von morgen? Essen 1966.

Statistik

Statistisches Jahrbuch der nordrhein-westfälischen Industrie- und Handelskammern. Gemeinsame statistische Stelle der nordrhein-westfälischen Industrie- und Handelskammern, Dortmund.

Statistisches Jahrbuch Nordrhein-Westfalen. Statistisches Landesamt Nordrhein-Westfalen, Düsseldorf.

Statistisches Jahrbuch für die Bundesrepublik Deutschland. Verlag W. Kohlhammer, Stuttgart.

Statistik der Kohlenwirtschaft e.V., (Hrsg.): Der Kohlenbergbau in der Energiewirtschaft der Bundesrepublik (Erscheint jährlich). Essen.

Statistik der Kohlenwirtschaft e.V., (Hrsg.): Zahlen zur Kohlenwirtschaft (Erscheint vierteljährlich). Essen.

Wirtschaftsvereinigung Eisen- und Stahlindustrie (Hrsg.): Statistisches Jahrbuch der Eisen- und Stahlindustrie. Düsseldorf.

Karten

Deutsche Generalkarte 1:200 000, Blatt 8. Maiers Geograph. Verlag, Stuttgart, o.J.

Frommberger, H. (Hrsg.): Westermann-Atlas für Dortmunder Schulen. 3. Aufl. Braunschweig 1971.

Landesvermessungsamt Nordrhein-Westfalen (Hrsg.): Topographischer Atlas Nordrhein-Westfalen. Bad Godesberg 1968.

Muuss, U. und *Schüttler, A.:* Luftbild-Atlas Nordrhein-Westfalen. Neumünster 1969.

Perlick. A.: Rheinisch-Westfälisches Industriegebiet 1:50 000 (Wandkarte). Flemmings Verlag, Hamburg, o.J.

Topographische Karte 1:25 000, insbesondere die Nummern 4506–4511 und 4406–4411. Hrsg. v. Landesvermessungsamt Nordrhein-Westfalen, Bonn – Bad Godesberg.

Topographische Karte 1:50 000, insbesondere die Nummern L 4506–L 4510 und L 4306 –L 4310. Hrsg. v. Landesvermessungsamt Nordrhein-Westfalen, Bonn – Bad Godesberg.

Jahresberichte u.ä.

Beratungsstelle für Stahlverwendung: Stahlfibel. Verlag Stahleisen, Düsseldorf 1969.

Emschergenossenschaft, Essen: Jahresberichte.

Lippeverband, Essen: Jahresberichte.

Ruhrverband, Ruhrtalsperrenverein: Jahresberichte.

Wasser- und Schiffahrtsdirektion Münster: Zur Information, Das westdeutsche Kanalnetz.

Dia-Reihen zum Steinkohlenbergbau

Glückauf-Verlag, Essen 1965–1967.

Geschichte des Bergbaus. 25 Dias.

Entstehung und Lagerung der Steinkohle. 22 Dias.

Der Abbau der Steinkohle. 30 Dias.

Aufbereitung, Veredlung und Verwendung von Steinkohle. 28 Dias.

Zu jeder Reihe gehört ein ausführliches Erläuterungsheft.